Cornelia Topf

Emotionale Intelligenz für Frauen

Cornelia Topf

Emotionale Intelligenz für Frauen

Gefühle und Intuitionen
als weibliche Stärken einsetzen

REDLINE WIRTSCHAFT

Bibliografische Information der Deutschen Nationalbibliothek
Die Deutsche Nationalbibliothek verzeichnet diese Publikation in der Deutschen Nationalbibliografie. Detaillierte bibliografische Daten sind im Internet über http://dnb.d-nb.de abrufbar.

ISBN 978-3-636-01534-1

1. Auflage 2008

Copyright © 2008 by Redline Wirtschaft, FinanzBuch Verlag GmbH, München.
www.redline-wirtschaft.de

Redaktion: Leonie Zimmermann, Landsberg am Lech
Lektorat: Jana Stahl, Heidelberg
Umschlaggestaltung: Vierthaler & Braun, München
Umschlagabbildung: getty images/ Vincent Hazat, München
Satz: Jürgen Echter, Landsberg am Lech
Printed in Austria

Alle Rechte, insbesondere das Recht der Vervielfältigung und Verbreitung sowie der Übersetzung, vorbehalten. Kein Teil des Werkes darf in irgendeiner Form (durch Fotokopie, Mikrofilm oder ein anderes Verfahren) ohne schriftliche Genehmigung des Verlages reproduziert oder unter Verwendung elektronischer Systeme gespeichert, verarbeitet, vervielfältigt oder verbreitet werden.

Inhaltsverzeichnis

Anmerkung 11
Vorwort mit Gefühl 13

1 Raus aus der Gefühlsfalle 17
Zu viel Herz 17
Frauen in der Gefühlsfalle 18
Gefühle sind keine Gedanken! 19
Beliebte Gefühlsfallen 20
Reframen Sie! 22
Warum Frauen so gern leiden 25
Runter vom Affekttrip! 27
Fühlen, nicht fusionieren! 28
Dissoziieren Sie! 29
Heute verdrängt, morgen verschnupft 31
Was wollen uns Gefühle sagen? 32
In medias res: Romy 32
EQ-Fitness-Studio 34
Auf einen Blick: Raus aus der Gefühlsfalle 35

2 Einfach super fühlen! 37
Dein Wille geschehe 37
Gegen den eigenen Willen glücklich sein? 38
Wer fühlen will, muss wollen 39
Raus aus der Opferrolle 40
So tun, als ob 42
Self-Modelling 45
Die Kleine-Schwester-Technik 46
Man kann nur ändern, was man versteht 47
Postural Setting 48

Atmen Sie!	50
Raus hier!	50
Verdrängen Sie!	50
In Morpheus' Armen	51
Kommen Sie sich auf die Schliche!	53
Diskutieren Sie mit sich!	54
Wenn die Vergangenheit Sie nicht loslässt	56
So ändern Sie die Zukunft	57
Auf einen Blick: Fühlen, was Sie wollen	58

3 Hör auf die innere Stimme! ... 59

Melina hat Stress	59
Typisch Frau!	60
Was treibt Sie an?	63
Entscheiden Sie selbst!	63
Achtsamkeit: Was geschieht mit Ihnen?	65
Ich erlaube es mir!	67
Wie kannst du nur!	68
Auf die schnelle Art	70
Auf die tiefgründige Art	71
Hören Sie!	72
Weibliche Intuition	73
Die eigene Intuition zugänglich machen	74
Die innere Stimme nach außen tragen	76
Ein ganz anderes Leben	77
Auf einen Blick: Vertrauen Sie der inneren Stimme	78

4 Ein starkes Herz bewahren ... 79

Vorsicht, Ansteckungsgefahr!	79
Das berühmte weibliche Einfühlungsvermögen	81
Empathie? Projektion!	82
Warum projizieren Frauen?	83
Geben, was gebraucht wird	85
Eigenes Ego, fremdes Ego	86
Der cholerische Chef	87
Was Menschen brauchen	90

Inhaltsverzeichnis

Das Postulat der emotionalen Intelligenz............... 91
Männer verstehen – geht das überhaupt? 93
Auf einen Blick: So schützen Sie sich emotional......... 96

5 Das beste aller Gefühle **97**
Weil Sie es sich wert sind......................... 97
Pity Party 98
Der Brigitte-Test 99
Schützen Sie Ihren Selbstwert!..................... 100
Die innere Kritikerin............................. 102
Du bist nicht gut genug!.......................... 104
Wie würde eine selbstbewusste Frau reagieren?......... 108
Die Seelendusche................................ 109
Eigenlob stimmt!................................ 110
Warum wir uns nicht loben........................ 112
Was glauben Sie?................................ 113
Das Geheimnis eines starken Selbstwertgefühls......... 115
Versuchen Sie, sich selbst zu verstehen 116
Verzeihen Sie sich selbst 117
Die eigenen Bedürfnisse achten 117
Den Mund aufmachen 118
Starke Frauen kriegen keinen Mann 119
Auf einen Blick: Ein starkes Selbstwertgefühl 120

6 Der Job muss Freude machen!................... **123**
Emotionale Intelligenz am Arbeitsplatz............... 123
Trotz männlicher Übergriffe gelassen bleiben 124
Mit männlichen Übergriffen umgehen................ 125
Vergessen oder verändern 126
Jede Frau braucht einen Maulwurf 128
Mit Egoisten umgehen 129
Das Krankenschwesternsyndrom 129
Sich durchsetzen ohne Härte...................... 131
Zufrieden sein mit der Arbeit 133
Die Suche nach Ausnahmen 135
Wagen Sie, glücklich zu sein!...................... 137

Atmosphärische Störungen 138
Zurückhaltung überwinden 140
Reibereien besser ertragen 141
Chronische Selbstüberforderung. 144
Das Bedürfnis nach Harmonie 146
Kritik üben, ohne zu verletzen 148
Auf einen Blick: In einer Männerwelt Frau bleiben 149

7 Befreien Sie sich! 151
Frustgefühle 151
„Wie werde ich weniger verletzlich?" 152
Warum müssen sich immer die Frauen ändern? 153
Ein dickes Fell ist nicht die Lösung 154
Mit der Verletzlichkeit umgehen 155
Bleiben Sie authentisch! 157
Das Kierkegaard-Prinzip. 159
Trennen Sie Gesagtes von Gemeintem. 160
Sie haben die Wahl 161
Das semantische Differenzial 162
Warum wir manchmal Mimosen sind 163
Roter Knopf Anerkennung 164
Anregungen zur Anerkennung 165
Warum Frauen nach Anerkennung dürsten 167
„Das zieht mich alles so runter!" 169
Die große Befreiung 170
Sagen Sie es! 172
Privatleben ausgeschlossen? 173
„Mein Mann neidet mir …" 174
„Der Chef hat seine Lieblinge!" 176
In Verhandlungen Gefühle zeigen? 177
Und was nun? 178
„Ich werde zu schnell zu emotional!" 178
Auf einen Blick: Mood Management 179

8 Stark und selbstbewusst 181
Wenn es Sie hart trifft 181

Inhaltsverzeichnis

Trennen Sie den Müll!...........................	183
Vorsicht, Freud'sches Syndrom!	185
Wechseln Sie Ihr Verhaltensmuster!................	188
Wechseln Sie Ihre Erklärungsmuster!	190
Bleiben Sie fest im Glauben!	192
Lieben Sie sich!...............................	195
Auf einen Blick: Frei und froh!	198
Nachwort......................................	**199**
Über die Autorin...............................	**201**
Kontaktdaten	201

Anmerkung

Um das Arbeiten mit diesem Buch für Sie möglichst einfach und effizient zu gestalten, haben wir wichtige Textpassagen mit folgenden Icons gekennzeichnet:

 Achtung, wichtig

 Aufgabe, Übung

 Das sollten Sie auf jeden Fall vermeiden.

 Beispiel

Tipp   Tipp

Vorwort mit Gefühl

Wissen ist nichts.
Man muss fühlen und empfinden.
Stendhal

Wie fühlen Sie sich?
Erstaunlich, nicht? Wie eine einfache Frage gleich eine Handvoll Gefühle mit sich bringt, die Tür zum inneren Gefühlsreichtum aufschließt. Einerseits ist dieses unerschöpfliche emotionale Innenleben ein nicht versiegender Quell der Lebensfreude. Andererseits ist dieses Innenleben manchmal problematisch.

Wenn ich als Beraterin, Trainerin, Coach, Vorgesetzte oder einfach als gute Freundin mit anderen Frauen spreche – egal, mit welchem Thema wir auch beginnen, in der Regel landen wir irgendwann unfehlbar auf der Schattenseite der Gefühle: „Ich fühle, also bin ich." Worauf Descartes nicht kam

- „Ich fühl mich so ausgelaugt – ich schaff das alles nicht mehr!"
- „Ich hatte Krach mit ... Schon vor Tagen! Aber seither lässt mich das nicht los!"
- „Ich verstricke mich so in diese unangenehmen Themen und schleppe die dann überall mit: nach Hause, in die Familie, zum Sport ..."
- „Es ist halt frustig, in einer Männerwelt Frau zu sein."
- „Wie kann ich meine lästige Zurückhaltung aufgeben?"
- „Ich möchte mich durchsetzen, ohne andern weh zu tun!"
- „Ich weiß genau, was ich tun muss – aber ich traue mich noch zu selten!"

Was Frauen quält

> ❏ „Mir fehlt einfach das nötige Selbstvertrauen."
> ❏ „Ich mache meinen Job gut – aber Spaß ist was anderes!"
> ❏ „Der Job, mein Partner, die Kids ... Das alles steht mir bis hier!"

Sie könnten noch einiges anfügen? Erstaunlich, nicht? Da haben wir gelernt, wie frau sich heutzutage kleiden, auftreten, kommunizieren muss, wie sie im Beruf führen, delegieren und präsentieren sollte und wie sie sich mehr Gehalt vom Chef holt. Wir kennen sämtliche Kommunikations- und Führungstechniken, die frau nur kennen kann – aber alle Techniken der Welt haben ein Problem nicht lösen können: unsere emotionale Belastung. Die Folgen sind gravierend.

Es liegt nicht am Wissen, es liegt an den Gefühlen

Wenn Frauen, die glatt doppelt so gut präsentieren können wie ihre männlichen Kollegen, vor einer Präsentation sagen: „Ach, das kann doch auch ein anderer machen", wenn Frauen, die eindeutig die beste Kandidatin für eine anstehende Beförderung sind, abwinken: „Ich weiß nicht, ob ich mir die Machtspielchen in einem Führungsjob antun möchte", wenn Frauen vor einer Aufgabe, die sie eigentlich mit links packen könnten, herumdrucksen: „Ob ich das auch wirklich schaffe?", wenn Frauen immer noch 15 bis 30 Prozent weniger verdienen als ihre männlichen Kollegen im gleichen Job, bloß weil sie sich *nicht trauen*, genauso oft um Gehaltserhöhung zu bitten – dann haben wir ein Problem, das sich mit keiner Führungstechnik der Welt lösen lässt. Denn das Problem ist kein technisches, sondern ein emotionales.

Dieses Problem wird von Literatur und Weiterbildung weitgehend ignoriert (weil wir in einer Männerwelt leben und Männer Gefühle oft gar nicht wahrnehmen). Überall geht es um Techniken, Tools und Rezepte. Wo geht es um die Emotionen, die all die schönen Vorsätze, Ideen, Ziele und Techniken Tag für Tag zunichte machen? Hier. Nach der letzten Seite unserer Expedition in die emotionale Innenwelt werden Sie:

Vorwort mit Gefühl

- nicht länger Spielball, sondern Partnerin Ihrer Gefühle sein, **Das haben Sie davon**
- innerhalb eines Wimpernschlags hinderliche in konstruktive Gefühle verwandeln,
- die emotionalen Flöhe abschütteln, die sich gelegentlich in Ihrem Herzen einnisten,
- weitaus weniger Ärger, Enttäuschung und Frust erleben,
- auch im größten Stress gelassen bleiben (wenn Sie wollen),
- mit Ihren eigenen und den Gefühlen anderer besser umgehen können,
- sich selbst besser verstehen und verzeihen können,
- mit sich selbst im Reinen sein (vielleicht sogar sich selbst mögen),
- dauerhaft besser gelaunt, besser motiviert und schwungvoller sein,
- über mehr Selbstvertrauen und innere Stärke verfügen,
- zufriedener mit sich, Ihren Mitmenschen, Gott und der Welt sein.

Was verspüren Sie bei diesen Aussichten? Dann lassen Sie uns beginnen.

1 Raus aus der Gefühlsfalle

Der Mensch ist nicht zum Vergnügen,
sondern zur Freude geboren.
Paul Claudel

Zu viel Herz

Dass Frauen am Arbeitsplatz immer noch benachteiligt werden, was Gehalt, Anerkennung, Weiterbildungs- und Aufstiegschancen betrifft, ist sattsam bekannt. Ist Ihnen jemals der Gedanke gekommen, dass daran nicht allein die widrigen Umstände schuld sind? Betrachten wir ein Beispiel aus der Praxis.

> **z.B.** Petra weiß, dass sie als Projektleiterin den ewigen Bedenkenträger Hans im Meeting in die Schranken weisen müsste. Doch Petra hat Mitleid mit ihm: Hans hat zurzeit familiäre Probleme. Deshalb schont sie ihn. Nach dem etwas unruhigen Meeting sagt ihr Abteilungsleiter, der an der Sitzung teilnahm: „Ihr Projekt kommt gut voran. Aber Ihr Team haben Sie nicht im Griff!" Petra ist in seinen Augen nicht „führungstauglich". Den Projekterfolg führt er auf die Kompetenz des Teams, nicht auf Petras Führungs- und Fachkompetenz zurück.

Nicht nur, dass er damit eine grobe Fehleinschätzung begeht und Petra bitter Unrecht tut. Er enthält ihr auch ihre verdiente Anerkennung vor. Bei der nächsten Gehaltsverhandlung oder Aufgabenverteilung wird er ihr die vermeintliche Schwäche aufs Butterbrot schmieren. Die erhoffte Beförderung zur Group Pro-

Der weibliche Führungsstil – ein Eigentor?

duct Managerin kann sie sich abschminken und muss bitter enttäuscht mit ansehen, wie ein weniger kompetenter Kollege die Position bekommt, die eigentlich ihr zusteht.

Petra wird ganz offensichtlich im Beruf benachteiligt. Und das, obwohl ihr Abschluss, ihre Fach- und Führungskompetenz und ihre Projekterfolgsbilanz eindeutig besser sind als die ihrer männlichen Kollegen. Sie wird benachteiligt: nicht weil sie eine Frau *ist*, sondern weil sie wie eine Frau *führt*: emotional. Und immer noch preisen Frauenzeitschriften und Führungsbücher den weiblichen Führungsstil. Ich und mit mir Zehntausende Frauen wie Petra fragen uns, warum.

Frauen fühlen – deshalb werden sie benachteiligt

Der „typisch weibliche Führungsstil" ist im Falle Petras ein sattes Eigentor mit Anlauf. Geradezu absurde Züge nimmt Petras Benachteiligung an, wenn wir erfahren, dass Petra sehr wohl weiß, wie ein Kritikgespräch zu führen ist, wie man moderiert. Sie beherrscht alle dafür nötigen Kommunikations- und Führungstechniken – nachweislich besser als jeder ihrer Kollegen. Das zeigen zig Rollenspiele in Führungsseminaren.

> Viele Frauen sind ihren männlichen Kollegen in Abschluss, Qualifikation, Erfolgsbilanz, Fach- und Führungskompetenz weit überlegen. Doch diese Überlegenheit verwandelt sich oft in eine Unterlegenheit, wenn Frauen über ihre Gefühle stolpern.
> Für Frauen im Beruf ergibt sich daraus eine unerhörte Frage: Dürfen wir unseren Gefühlen nicht länger trauen?

Frauen in der Gefühlsfalle

Frauen stolpern im Beruf (und anderswo) recht häufig über ihre Gefühle. So häufig, dass dafür allerlei Empfehlungen entwickelt wurden. Viele Bücher und Trainer raten zum Beispiel: „Manche

Entscheidungen müssen aus dem Kopf, andere aus dem Bauch getroffen werden!" Hört sich vernünftig an.

Haben Sie das mal probiert? Diesem Rat zu folgen hieße, fallweise die eigenen Gefühle zu ignorieren. Petra müsste also ihr Mitgefühl mit Hans ignorieren und rein aus dem Kopf heraus entscheiden, Hans zurechtzuweisen.

Lassen Sie sich Ihre Gefühle nicht verbieten!

Wenn sich Ihnen dabei der Magen verknotet, darf ich Sie zu Ihrer emotionalen Intelligenz beglückwünschen: Die eigenen Gefühle zu ignorieren und nur nach dem Kopf zu entscheiden erfordert a) eine Unmenge ermüdender Disziplin, tut b) nicht gut und hält c) keine Frau lange aus (weil gegen die eigenen Gefühle zu leben eben unheimlich Energie verbraucht und emotional belastet). Frauen sind nun einmal hoch emotionale Wesen. Von einem Mann würde man in Petras Situation auch nicht verlangen: „Verlass dich einfach auf dein Gefühl und schon Hans heute mal!" Da würde sich (fast) jeder Mann an die Stirn tippen!

Gefühle sind zum Fühlen da

Also hört Petra auf ihr Gefühl. Aber wenn es ihr doch das Falsche rät! Wer behauptet das? Was *fühlt* Petra denn? Mitgefühl mit Hans. Was *tut* sie darauf? Beide Augen zudrücken, wenn er das Meeting stört. Und nun die 1000-Euro-Frage: Was hat das eine mit dem anderen zu tun?

Gefühle sind keine Gedanken!

Hat Petras Bauch ihr etwa gesagt: „Weis ihn nicht zurecht!"? Nein, er hat ihr nur gesagt: „Ich empfinde Mitgefühl mit Hans!" Emotionale Intelligenz heißt deshalb zuerst einmal: Gefühle von Gedanken unterscheiden (lernen).

Bitte verwechseln Sie Gefühle nicht mit Gefühlsinterpretationen! Gefühle kommen aus dem Bauch, Interpretationen aus dem Intellekt.

Gefühle sagen Ihnen so gut wie nie, was Sie *tun* sollen. Sie sagen Ihnen lediglich, was Sie *fühlen* sollen.

Gefühle sind zum Fühlen da – deshalb heißen sie so! Sie heißen nicht „Ratschläge". Das bedeutet – und das ist die gute Nachricht: Sie können Ihren Gefühlen voll und ganz vertrauen. Gefühle lügen nicht! Der Irrtum beginnt erst da, wo die unbewusste Interpretation einsetzt. Vertrauen Sie Ihren Gefühlen – aber nicht (immer) den Gedanken, die Ihr Verstand den Gefühlen andichtet!

Petra weiß inzwischen, dass ihr Mitgefühl mit Hans nicht unbedingt bedeutet, dass sie ihn nicht zurechtweisen darf. Sie kann Mitgefühl für Hans empfinden und sich gleichzeitig Gedanken machen, wie sie ihn höflich, aber bestimmt wieder ins Boot holt. Sie muss weder allein aus dem Bauch noch allein aus dem Kopf heraus entscheiden. Sie kann auf Kopf und Bauch gleichzeitig hören, womit sich Frauen weitaus wohler fühlen, weil es authentischer, weiblicher, harmonischer ist.

Beliebte Gefühlsfallen

Eigentlich ist das, was mit Frauen täglich passiert, doch recht verrückt: Frauen *wissen* oft ganz genau, was in einer bestimmten Situation zu tun wäre. Sie *können* es auch meist besser als die anwesenden Männer. Doch sie *tun* es nicht. Weil ihnen ihre Gefühle in die Quere kommen. Ahnten wir es nicht längst?

Unsere Gefühle sind der Schlüssel zu Erfolg und Zufriedenheit in Beruf und Privatleben – nicht Intelligenz, Erfahrung, Kompetenz oder Kommunikationstechniken.

Natürlich brauchen wir alle jede Menge Intelligenz, Erfahrung, Kompetenz und Kommunikationstechniken. Doch wenn unsere Gefühle beziehungsweise unsere Gefühlsinterpretationen verrücktspielen, nützt uns die tollste Führungstechnik herzlich wenig und

Beliebte Gefühlsfallen

wir tappen in die Gefühlsfalle. Das passiert sehr oft. Ich habe einige Beispiele von Seminarteilnehmerinnen gesammelt:

- „Sobald Kollege X mit Thema Y ankommt, kann ich nicht mehr vernünftig mit ihm reden, sondern gehe voll auf die Palme!"
- „Wenn mein Chef länger als zwei Minuten mit einer Kollegin spricht, reagiere ich verunsichert: Brüten die was gegen mich aus?"
- „Ich rege mich fürchterlich auf, wenn der Chef seine Lieblinge bevorzugt."
- „Wenn ein Kollege mal nicht grüßt oder grimmig dreinschaut, beziehe ich das sofort auf mich und zerbreche mir den Kopf, warum er sauer ist auf mich."
- „Mein Partner neidet mir meinen beruflichen Erfolg."
- „Wenn mir ein Missgeschick passiert und andere schadenfroh reagieren, verletzt mich das viel zu sehr."
- „Mit Kritik kann ich nicht umgehen. Ich fühle mich dabei viel zu schnell persönlich angegriffen."
- „Wenn einer mit einem Killerspruch kommt wie ‚Dumme Tussi!', dann fällt mir nichts mehr ein!"
- „Ich trau mir zu wenig zu."

Frauen in der Falle

Das alles sind Situationen, in denen die Betroffenen eigentlich ganz genau wissen, wie sie sich verhalten sollten, was sie erwidern müssten, was zu tun ist. Doch irgendwie nützt dieses Wissen nicht mehr viel, wenn bestimmte Gefühle dazwischenkommen.

To do — Wann gehen Ihre Gefühle zuverlässig mit Ihnen durch? Denken Sie an drei konkrete Situationen – wenn Sie mögen –, mit denen wir auf den folgenden Seiten arbeiten werden:

....

....

....

Reframen Sie!

Wir haben bereits eine Technik kennengelernt, die Gefühlsfalle zu umgehen: Gefühle und Gedanken unterscheiden (lernen). Doch für die emotionale Intelligenz gilt wie für viele Lebensaufgaben: Je mehr Tools Sie in Ihrer Toolbox haben, umso besser für Sie.

Lernen Sie deshalb eine weitere Technik kennen, Herz und Verstand in Einklang zu bringen. Gehen wir dafür zu Petras Gefühlsfalle zurück – Sie dürfen parallel an Ihre eigenen Gefühlsfallen denken. Wie würden Sie diese Situationen beschreiben? Petra beschreibt ihre Situation mit Hans so: „Ich bringe es einfach nicht übers Herz, ihn zurechtzuweisen."

To do — Wie würden Sie Ihre drei (s. o.) Gefühlsfallen in einem Satz beschreiben?

....

....

....

Petra schaut sich ihre Situationsbeschreibung genau an. Nach einer Minute Nachdenkens meint sie: „Eigentlich klar, dass mir diese

Beschreibung keine andere Wahl lässt, als Hans zu schonen. Wenn ich es nicht übers Herz bringe, dann bringe ich es einfach nicht übers Herz. Ich habe eben ein großes Herz." Ohne es zu wissen, hat Petra damit ein Erfolgsgeheimnis der emotionalen Intelligenz entdeckt: Unsere Gefühle und Handlungen erwachsen nicht aus der Situation an sich, sondern aus unserer Beschreibung der Situation.

Petra tappt nicht in die Gefühlsfalle, weil ihr die Situation keine andere Möglichkeit lässt oder weil sie so ein großes Herz hat, sondern weil sie die Situation (unbewusst!) in einer bestimmten Weise *beschreibt*. Dieser Zusammenhang eröffnet eine elegante Möglichkeit: Petra muss sich ihr Mitgefühl mit Hans nicht verbieten. Wie wir wissen, kostet es immer wahnsinnig viel Disziplin und Kraft, sich Gefühle zu verbieten. Außerdem funktioniert es nie recht lange.

> **STOP** Hören Sie auf, gegen hinderliche Gefühle anzurennen. Das bringt nichts. Es gibt intelligentere Weisen, mit Gefühlen umzugehen.

Eine davon ist, nicht am Gefühl, sondern an der Beschreibung der Situation anzusetzen. Da ihre Situationsbeschreibung Petra zwangsläufig zum Mundhalten verdonnert, verändert Petra probehalber diese Beschreibung. Immer wieder. Nach ungefähr einem halben Dutzend Umformulierungen ist sie mit ihrer Wortwahl zufrieden. Jetzt beschreibt sie dieselbe Situation ganz anders: „Ich habe großes Mitgefühl mit Hans. Gleichzeitig muss ich ein Team effizient führen. Ich kann beides in Einklang bringen." Das hört sich völlig anders an. Weniger belastend. Weniger zwangsläufig in hilflosem Schweigen endend. Weniger nach Gefühlsfalle. Petra fühlt sich damit wohl, authentisch – und kann Hans trotzdem sanft und kollegial zurechtweisen!

> **To do** — Verändern Sie die Beschreibungen Ihrer drei Referenzsituationen – und beobachten Sie, wie sich Ihre Gefühle dabei verändern
>
> ....
>
> ....
>
> ....

Die Dinge so nehmen, wie sie sind, aber nicht so lassen

Manchmal reagieren Teilnehmerinnen im Seminar fast erschrocken: „Wie kann das sein? An meiner Situation hat sich doch nichts geändert." Die Teilnehmerinnen haben lediglich die situationsbeschreibenden Worte verändert – und doch spüren sie bereits einen (kleinen) Wandel in Qualität und Intensität der Gefühle.

Wenn Sie die Beschreibung einer Situation ändern, ändern Sie damit auch das Gefühl und Ihr Verhalten. Sie umgehen die Gefühlsfalle.

Frame, engl.: Rahmen. Reframing, engl.: einen anderen Rahmen wählen

Ein Wunder? Nein, ein Reframing. So heißt die Technik aus dem Neurolinguistischen Programmieren, die schon die Großmutter kannte: „Nun sieh das doch nicht so pessimistisch!" Wir können die Art und Weise, wie wir Situationen sehen, erleben und erfühlen, dadurch verändern, dass wir die Beschreibung der Situation verändern; sie „anders sehen". Das wussten schon die alten Griechen: Die Dinge sind nie so, wie sie sind, sondern stets so, wie wir sie sehen, sehen wollen. Wir sollten uns die Mühe machen, sie anders sehen zu wollen, und unsere Sichtweise so lange experimentell ändern, abschleifen, modifizieren, bis sie besser zur Situation und besser zu uns passt. Das ist emotionale Intelligenz. Wie intelligent Petras neue Sichtweise ist, demonstriert die Realität von ganz allein: Petra fühlt sich mit ihrer neuen Sichtweise wohler, Hans ehrlich gesagt auch (denn er wird freundschaftlich und verständnisvoll zurück ins Team geholt) – und auch Petras Chef. Wenn alle zufrieden sind, ist es eine emotional gute Lösung. Also: Reframen Sie!

Warum Frauen so gern leiden

Eigentlich kennt jede Frau EQ-Techniken wie das Reframing. Viele beste Freundinnen haben schon mit den Worten getröstet: „Ja, das ist schlimm – aber sieh doch mal die positiven Seiten daran." Haben Sie auch schon oft gesagt/gehört? Mit Erfolg? Nein? Das ist auch meine Beobachtung:

 Frauen versuchen oft gar nicht, der Gefühlsfalle zu entkommen – selbst wenn sie ein Dutzend Techniken dafür kennen und die beste Freundin sich fast einen abbricht, sie aus dem emotionalen Loch herauszuholen.

Wie kann das sein? Sind Frauen im Grunde alle Masochistinnen? Nein, natürlich nicht. Frauen sind lediglich das emotionalere Geschlecht. Das wissen wir – rein abstrakt. Doch was es ganz konkret bedeutet, wissen auch die meisten Frauen nicht. Eine der oft übersehenen Implikationen ist: Frauen fühlen instinktiv und unbewusst einen Zusammenhang zwischen Emotionalität und Authentizität.

Frauen denken unbewusst: „Je heftiger ich fühle, desto wahrer ist ein Erlebnis und desto authentischer bin ich!"

Aus diesem unbewussten Grund *wollen* Frauen oft nicht reframen, Gefühle von Gedanken trennen und aus der Gefühlsfalle entkommen. Sie wollen sich förmlich im Gefühlstief suhlen. Bei Männern ist das anders.

Wenn zum Beispiel ein Kunde einen Kundenberater dumm anquatscht, denkt sich der Berater im Regelfall: „Spinnt der? Was soll's. Weiter im Text!" Der Kunde macht dem Berater einen Vorwurf – der Berater fühlt sich schlecht (Frame: „Ich habe einen Fehler gemacht!"), er reframt die Situation (Reframe: „Spinnt der?"), fühlt sich besser und entkommt der Gefühlsfalle. Eine Kundenberaterin versucht dagegen oft gar nicht ein Reframing, sondern stürzt sich kopfüber in die Gefühlsflut und klagt der besten Arbeitskollegin: „Oje, was hab ich bloß gesagt, dass er so sauer ist? Was hat ihn bloß so in Rage gebracht? Soll ich anrufen und die Sache geradebiegen? Was sag ich bloß, wenn wir uns wiedersehen?"

Das heißt, sie steigert sich förmlich in das negative Gefühl hinein. Sie badet in der Gefühlsfalle. Machen Sie auch gern? Schön. Dann behalten Sie das Bad in den Gefühlen bei.

 Frauen sind emotionaler als Männer – also leben Sie Ihre Emotionalität ruhig aus!

Machen Sie aus Ihrem Herzen keine Mördergrube. Sie haben Gefühle? Raus damit! Machen Sie einen Aufstand, seien Sie zickig, heulen Sie rum, schmollen Sie nach Herzenslust, schlagen Sie Türen zu, zerdeppern Sie symbolisches oder echtes Porzellan – whatever! Sie sind kein Mann, also müssen Sie sich auch nicht wie einer verhalten, Ihre Gefühle runterschlucken und mit 35 das erste Magengeschwür bekommen.
Die Sache hat nur einen Haken: Das Ausleben von Emotionen ist in vielen Situationen des täglichen Lebens nicht opportun, nicht angebracht, nicht politisch korrekt oder sozial nicht erwünscht. Oder wie eine Coachee es ausdrückte: „Ich kann wohl schlecht vor dem Chef in Tränen ausbrechen oder im Meeting meinen Kaffeebecher gegen die Wand schmeißen!" Da hat sie recht. Manchmal, in

Runter vom Affekttrip!

bestimmten Situationen sollte frau ihre Gefühle im Zaum halten (können), sie von ihren Gedanken trennen, ein Reframing wagen, kurz: Runterkommen vom Affekttrip!

 Sie sollten es sein, die entscheidet, ob Sie in Gefühlen baden wollen oder nicht – und nicht Ihre unbewussten Reflexe.

Runter vom Affekttrip!

Petra weiß, dass sie in manchen Situationen ihren Gefühlen lieber nicht nachgeben, sondern zum Beispiel die Situation reframen sollte. Doch sie sagt: „Manchmal überkommt es mich einfach. Dann gebe ich meinen Gefühlen ohne zu zögern nach." Dann drückt sie wieder beide Augen zu, wenn ein Mitarbeiter Mist baut – und handelt sich das Etikett der Führungsetage ein: „Typisch Frau – nicht tough enough fürs Business!"

In diesen Situationen kommt Petra nicht vom Affekttrip herunter. Manchmal zicken wir eben auch vor dem Chef oder in Gegenwart von Kunden – obwohl wir genau *wissen*, dass wir uns damit ein Eigentor schießen. Manchmal kämpfen wir in erhitzten Verhandlungen mit dem Kloß im Hals oder dem Brennen in den Augen – obwohl wir *wissen*, dass uns diese Emotionen nun wirklich nicht weiterhelfen. Manchmal können wir tagelang dem Beziehungspartner nicht die versöhnenden Worte sagen, weil uns die Kehle wie zugeschnürt ist – obwohl wir genau *wissen*, dass er mit seiner sozialisierten emotionalen Artikulationsschwäche nie die richtigen Worte finden wird. Manchmal reframen wir nicht, obwohl wir wissen, dass ein Reframing jetzt genau das ist, was wir brauchen würden.

In diesen Situationen wünschen wir uns, dass wir nicht mit dem Instinkt geboren wären, der uns einflüstert: „Je heftiger du es empfindest, desto echter ist es!" Oder dass wir ihn zumindest kurz

„She's trippin'!" US-Ausdruck für Frauen auf dem Affekttrip

mal abschalten könnten. Doch genau das können wir. Wir müssen bloß den Schalter finden. Der Schalter hat sogar einen Namen, Psychologen nennen ihn Fusion.

Fühlen, nicht fusionieren!

„Feelings are not facts." US-Sprichwort

Nehmen wir an, Sie haben ein Haustier. Schlimme Nachricht: Es ist eben gestorben! Was fühlen Sie? „Ich bin traurig, was sonst?", ist eine häufige Antwort. Sie sind traurig? Tatsächlich? Sind Sie sich bewusst, dass Sie eben eine physische Unmöglichkeit postuliert haben?

Sie *sind* eine Frau. Sie *sind* … cm groß. Sie *sind* …äugig. Sie *sind* …händerin. Das alles *sind* Sie in einem Monat auch noch – aber traurig? Das sind nicht *Sie*! Das ist *ein Gefühl*. Und genau hier liegt eines der größten Geheimnisse emotionaler Intelligenz:

> **STOP** Wir haben die Tendenz, mit unseren Gefühlen zu verschmelzen. Wir *haben* nicht Gefühle, wir *sind* sie.

Das nennen die Psychologen (der Acceptance and Commitment Therapy) auch: Fusion. Damit keine Missverständnisse entstehen: Die Fusion ist die tollste Sache seit Erfindung der Gefühle.

 Stellen Sie sich nur einmal den ersten Frühlingssonnentag nach fünf Wochen grauem, düsterem Winterregenwetter vor – die Luft ist wie Balsam, die Vögel zwitschern, die Sonne kitzelt Ihre Nase und wärmt Ihr Gesicht –, Sie recken und strecken sich, atmen tief durch und fühlen sich wieder wie 15!

Hey, wer bei dieser Vorstellung nicht in Frühlingsgefühlen aufgeht, also voll fusioniert, der verpasst das Beste im Leben (oder ist ein Mann – armer Kerl). Diese herzerfrischende Fusion spiegelt auch

unsere Sprache wider. Wir sagen: „Ich *bin* fröhlich!" Wir sagen nicht: „Ich *empfinde* ein fröhliches Gefühl!"

Das Problem mit der Fusion kommt mit der Kehrseite des Gefühlslebens: Frust, Enttäuschung, Verletzung, Alleinsein, Einsamkeit, Depression, Ungeliebtsein, Ärger, Zurückgewiesenwerden – wer möchte damit schon fusionieren? Keine – aber wir tun's. Ständig. Wir geraten auf den Affekttrip und kommen nicht mehr davon runter, schaffen das nötige Reframing nicht, verpassen immer wieder den Ausgang aus dem belastenden Gefühl. Weil wir Fusionieren seit der Wiege können. Entfusionieren haben wir nie gelernt. Lernen wir es jetzt. Wenden wir uns der Defusionierung zu, auch Dissoziation genannt.

Dissoziieren Sie!

 Denken Sie bitte noch einmal an das verblichene Haustier und das spontane Gefühl: „Ich bin traurig." Was genau empfinden Sie dabei? Wo sitzt das Gefühl? Wie fühlt es sich an? Sie sind traurig? Dann sagen Sie sich:

- ❏ „Ich empfinde ein trauriges Gefühl."
- ❏ „Ich mache traurig."
- ❏ „Mir wird traurig."
- ❏ „Hallo Traurigkeit!"
- ❏ „So also fühlt sich Traurigkeit an."
- ❏ „Offensichtlich fühle ich mich so, wenn ich traurig bin."

Erstaunlich, nicht? Das Gefühl ändert sich mit jedem Satz. Okay, einige der Sätze sind grammatikalisch haarsträubend, andere klingen äußerst seltsam. Umso erstaunlicher ist, wie groß die Wirkung dieser Sätze sein kann. Wir wissen zwar, dass das Wort mächtiger ist als das Schwert, und wir kennen den Bibelspruch: „Am Anfang war das Wort und das Wort war bei Gott und Gott

Die Magie der Worte

war das Wort." Die große Wirkung von Wörtern ist kulturhistorisch hinlänglich bekannt. Aber woher kommt die Wirkung?
Sie erraten es vielleicht: Diese Worte wirken so erstaunlich, weil sie die Fusion aufheben oder mindern. Sie haben eine sogenannte dissoziierende Wirkung. Wir verschmelzen nicht länger mit unserer Trauer um das arme Haustier. Wir verdrängen die Trauer auch nicht. Wir spüren sie weiter – aber wir gehen darin nicht länger unter. Sie überschwemmt nicht länger unseren gesunden Frauenverstand und lockt uns nicht mehr in die Gefühlsfalle, aus der wir dann nicht mehr herauskommen, obwohl unser Intellekt Zeter und Mordio schreit. Oder wie die Zen-Buddhisten sagen: „Ich bin nicht mein Gefühl!"

 Es macht einen Riesenunterschied, Gefühle zu fühlen oder mit ihnen zu verschmelzen (fragen Sie jeden Schmerzpatienten).

Eine weitere Dissoziationstechnik ist die exakte Gefühlsbeschreibung: Wo sitzt Ihr Gefühl im Körper? Wie fühlt es sich an? Drückend, stechend, leicht, schwer …? Wo verlaufen die Gefühlsgrenzen? Wie verändert es sich beim Einatmen, Bewegen?
Eine dritte Technik, um sich von Gefühlen wenigstens etwas Abstand zu verschaffen, ist das Beamen: Wenn Sie Ihr Gefühl vor sich auf den Tisch oder in den Raum stellen könnten – wie sähe es aus? Welche Größe, Form, Farbe hätte es? Wäre es starr oder beweglich? Was würde es tun, sagen?

 Menschen *haben* Gefühle – und leiden oft daran und darunter. Emotional intelligente Menschen *arbeiten* mit ihren Gefühlen – und werden dadurch glücklicher, ausgeglichener und erfolgreicher.

Heute verdrängt, morgen verschnupft

Die Dissoziation ist ein wunderbares Instrument. Doch normalerweise dissoziieren wir nicht, wir verdrängen. Petra zum Beispiel zerfließt bei der Arbeit nicht ständig in Mitgefühl – sonst hätte sie es nie bis zur Projektleiterin gebracht. Sie erzählt: „Oft sage ich mir: ‚Vergiss jetzt mal dein Mitgefühl und greif hart durch!' Aber gut fühle ich mich dabei nicht." Warum nicht?

> **STOP** Wer seine Gefühle ignoriert, verdrängt, beiseite schiebt, sich über sie hinweg setzt, bezahlt dafür einen Preis.

Manchmal bezahlen wir den Preis in Form von weiteren, dann heftigeren Gefühlen, insbesondere von Schuldgefühlen und Gewissensbissen: Die verdrängten Emotionen drängen noch intensiver an die Oberfläche. Jedes Mal, wenn Petra ihr Mitgefühl verdrängt, fühlt sie sich hinterher schuldig, schlecht, grausam.

Manchmal bezahlen wir den Preis in Form psychosomatischer Beschwerden (deshalb heißen sie so): Die ignorierte Psyche schlägt uns buchstäblich auf die Gesundheit. Physiotherapeuten versichern mir, dass 90 Prozent der Genick- und Kreuzschmerzen von Frauen mental bedingt sind: „Die sollten mal mit sich ins Reine kommen – anstatt ständig zur Massage zu rennen!" Manchmal bezahlen wir den Preis in Form ausweichenden Flucht- und Suchtverhaltens: Männer fangen an zu saufen oder zu spielen. Frauen veranstalten Shopping-Orgien, verputzen Schokolade tafelweise oder unternehmen andere Fluchtversuche, die alles andere als gesund sind und das Problem der Verdrängung nicht wirklich lösen.

Wer (auf seine Gefühle) nicht hören will, muss fühlen (nämlich die Konsequenzen)

Was wollen uns Gefühle sagen?

Aber Gefühle sind eben manchmal unpassend, zu belastend, nicht hilfreich – oder einfach nur unangenehm? Natürlich sind sie das! Aber deshalb muss man sie doch nicht verdrängen! Vor allem dann nicht, wenn wir genau wissen, welche Folgen (s. o.) das hat. Der gesündere Umgang mit Gefühlen ist nicht der Monolog „Stör mich jetzt nicht! Es passt jetzt nicht!", sondern der Dialog: „Was möchtest du mir sagen?"

Auch alle schönen Gefühle können Sie so hinterfragen. Sie werden erleben: Das steigert die Intensität der Gefühle in ungeahnte Höhen! Doch vor allem bei belastenden Gefühlen befreit die dialogische Frage nach dem Informationsgehalt des Gefühls immens.

Denn Gefühle wurden nicht (nur) zu unserem Vergnügen geschaffen. Sie sind rein biologisch betrachtet ein Informationssystem. Sie tragen Informationen. Werden diese Informationen ignoriert, geht das System auf die Barrikaden – wie wir es von einem anderen biologischen Informationssystem kennen, dem Immunsystem: Ignorieren wir heute das Kribbeln in der Nase, meldet sich das Immunsystem morgen mit mehr Nachdruck und Schnupfen zu Wort.
Sie werden eine überraschende Entdeckung machen: Sobald Gefühle ihre Information anbringen dürfen, „geben sie Ruhe", wie manche das ausdrücken. Logisch: Sie haben ihren Daseinszweck damit erfüllt. Sie haben uns informiert. Wir haben auf sie gehört. Eigentlich wären wir bescheuert, wenn wir so ein intelligentes Informationssystem ignorieren würden!

In medias res: Romy

Kombinieren wir zum Kapitelschluss die Instrumente, die Sie kennengelernt haben, und wenden wir sie auf ein konkretes Beispiel an.

Romys Gefühlsfalle lautet in ihren eigenen Worten: „Sobald Frank mit dem Budget kommt, gehe ich total auf die Palme!" Seit Romy an ihrer emotionalen Kompetenz arbeitet, geht sie nicht länger auf die Palme – wofür Frank mächtig dankbar ist. („Endlich zickt sie mich nicht mehr an, wenn ich mit Zahlen komme!")
Statt wie üblich in die Gefühlsfalle zu tappen, kombiniert Romy die Instrumente, die Sie in diesem Kapitel kennengelernt haben – die Reihenfolge bleibt dabei ganz Ihnen überlassen: „Schon wieder dieser elende Frank mit dem verdammten Budget! Aaargh! Ich könnte ihn glatt an die Wand … Moment mal, was ist das gerade? Ein Gefühl, okay. Du fühlst dich mies und sauwütend. (Romy dissoziiert, indem sie das Gefühl als Gefühl wahrnimmt und benennt – anstatt mit ihm zu verschmelzen.) Aber das heißt doch nicht, dass du ihn angiften musst! (Trennung von Gefühl und Gefühlsinterpretation). Was will mir dieses Gefühl sagen? Na? Komm schon, sag was! (Sie ruft den Informationsgehalt des Gefühls ab) Angst vor Blamage? Was soll das heißen? Oh – jetzt kapier ich's: Du hast Angst, dass Frank merkt, wie schlecht du mit Zahlen umgehen kannst, richtig? Ja, das wolltest du mir sagen. Danke auch! Also das ist meine Angst – eine sehr interessante Angst (wieder eine Dissoziation). Was fällt dir dazu ein? Einfach mit den Augen klimpern und Frank bitten, dir die offenen Fragen nochmals zu erklären? Ein Versuch ist's wert. Und die Selbstvorwürfe kannst du dir sparen: Bei deinem Talent in der Kundenberatung musst du nicht auch noch Deckungsbeitragstabellen kalkulieren können (Romy reframt)! Und wo wir gerade dabei sind: Merkst du eigentlich nicht, wie gern dich der Frank mit dem Budget belästigt? Mensch, der steht auf dich! Der findet dich attraktiv! (Romy übertreibt ihr Reframing der Situation gewaltig – aber ihr tut das gut.) Und du machst dir Sorgen über deine Rechenkünste!

„Die wahren Abenteuer sind im Kopf, und sind sie nicht im Kopf, dann sind sie nirgendwo!" André Heller

Da kann ich ja nur herzhaft lachen!" Und genau das tut sie auch, wenn Frank kommt. Frank meint, Romys Lächeln bezieht sich auf ihn und übernimmt fortan die meisten schwierigen Kalkulationen für Romy – nicht weil er sie ins Bett kriegen will, sondern weil sie ihn neuerdings so nett behandelt.

Emotionen sind gut für den Erfolg!

Schön, nicht? Seit Romys EQ-Kompetenz gewachsen ist, fühlt nicht nur sie sich besser, sondern auch Frank – und die Produktivität zwischen beiden stieg enorm, wie auch Romys Erfolg bei quantitativen Aufgaben: Emotionale Kompetenz verbessert nicht nur die Emotionen, sondern auch den Erfolg.

EQ-Fitness-Studio

Frauen stolpern in bestimmten Situationen mit unschöner Regelmäßigkeit über ihre Gefühle. Ab sofort muss das nicht länger sein. Denn in diesem Kapitel haben Sie Mittel und Wege kennengelernt, Gefühlsfallen zu umgehen.

Denken Sie an eine bestimmte Gefühlsfalle, die Sie künftig vermeiden wollen. Und jetzt:

❏ Fühlen Sie, was Sie fühlen. Denken Sie, was Sie denken. Beschreiben Sie beides: „Ich fühle jetzt …" und „Ich denke gleichzeitig …" Allein schon diese Trennung von Gefühl und Gedanke verhindert, dass Sie blind und spontan das tun, was Ihnen Ihre unbewusste Gefühlsinterpretation einflüstert – nämlich in die Gefühlsfalle zu gehen.

- Vergegenwärtigen Sie sich, wie Sie ganz unbewusst die Situation beschrieben haben. Sprechen Sie diese Beschreibung laut aus oder notieren Sie sie – sie sollte nur einen Satz lang sein. Erkennen Sie die Zwangsläufigkeit, die sich aus dieser Beschreibung ergibt. Spielen Sie mit anderen, neuen Beschreibungen. So lange, bis es sich gut anfühlt und Sie gleichzeitig damit die Gefühlsfalle umgehen.
- Wenn das Gefühl gar zu übermächtig ist und Sie im Gefühlssumpf festzustecken drohen, dissoziieren Sie: „Aha, so fühlt sich also … an." Beschreiben Sie das Gefühl so genau es geht und/oder „beamen" Sie es nach außen, um es zu beschreiben.
- Fragen Sie das Gefühl, was es Ihnen sagen möchte. Unterhalten Sie sich mit ihm. Erforschen Sie seine Intention(en). „Was möchtest du mir sagen? Was möchte ich mir selbst damit sagen?" Würdigen Sie die erhaltene Information. Bedanken Sie sich dafür bei Ihrem Gefühl.

Auf einen Blick: Raus aus der Gefühlsfalle

- Trauen Sie Ihren Gefühlen – aber nicht immer den Gedanken, die Ihr Verstand in Gefühle hineininterpretiert. Lernen Sie, Gefühle von Gedanken zu unterscheiden.
- Reframen Sie belastende Situationen: Beschreiben Sie sie anders und beobachten Sie, wie sich Ihre Gefühle und Gedanken dabei ändern.
- Wenn Sie mit Ihren Gefühlen zu sehr verschmelzen: Dissoziieren Sie!
- Fragen Sie Gefühle: „Was möchtest du mir sagen?"

2   Einfach super fühlen!

*If you wanna feel high, feel high,
and if you wanna feel low, feel low.*
Cat Stevens

Dein Wille geschehe

 Intime Frage: Wie würden Sie sich gern fühlen? Hier und jetzt? Hörte ich Sie eben seufzen, weil Ihr Wunschgefühl so weit entfernt ist von Ihrer aktuellen Gefühlslage? Dann ändere ich die Frage: Wenn Ihnen eine liebe Fee ein Gefühl herbeizaubern könnte, wie würden Sie sich jetzt am liebsten fühlen? So himmelhoch jauchzend wie frisch verliebt? Auf Wolke sieben schwebend? So total selbstbewusst, wie Sie als kleines Mädchen mal gewesen sind? Über alle Maßen von einem tollen Mann geliebt? Vor jeder Anfeindung beschützt und geborgen? Nobelpreisverdächtig erfolgreich? Souverän und durchsetzungsstark? Sorglos, schwerelos glücklich? Wählen Sie (oder nehmen Sie alles zusammen) – und schwelgen Sie ein wenig in der Vorstellung Ihres Wunschgefühls. Schön, nicht?

Wäre es nicht herrlich, wenn wir uns in jeder Sekunde unseres Lebens so fühlen könnten, wie wir gerade wollten? Vor allem dann, wenn's drauf ankommt? Also im größten Stress gelassen? In der tiefsten Unsicherheit geborgen? Geliebt in der größten Lieblosigkeit? Selbstsicher in der ärgsten Verletzung? Ganz ruhig und

mutig vor dem Chef? Souverän und sympathisch vor Kunden oder in Präsentationen? Wäre es nicht schön, wenn wahr wäre, was Cat Stevens sang? Ach, wäre es nicht schön, wenn es die gute Fee tatsächlich gäbe? Überraschung: Es gibt sie.

> **STOP** Die meisten Menschen empfinden und verstehen Gefühle als etwas Gottgegebenes, Unbeeinflussbares. Es überkommt sie halt so.

Das ist eine verständliche, aber irrige Annahme. Wozu gäbe es denn sonst die emotionale Intelligenz, wenn nicht zum wirksamen Beeinflussen unserer eigenen Stimmungslage und der unserer Mitmenschen?
Wir können uns tatsächlich in jedem Augenblick unseres Lebens so fühlen, wie wir wollen. Mit der Betonung auf *wollen*. Nein, das Wollen allein reicht noch nicht aus – doch es ist eine unerlässliche Voraussetzung, die leider ständig übersehen wird.

Gegen den eigenen Willen glücklich sein?

Viele Menschen verkennen die Wirkung ihres Willens auf ihr Gefühlsleben. Das merke ich zum Beispiel, wenn mir eine Coachee klagt: „Es würde mir schon helfen, wenn ich mich in meiner derzeitigen Situation … (besser, stärker, nicht mehr so deprimiert, selbstbewusster, klarer, freier …) fühlen würde!" Dann erzählt sie zehn Minuten lang, wie … (schwach, traurig, deprimiert …) sie sich gerade fühlt, und ich frage mich unwillkürlich: Eine Frau, die sich nicht um alles in der Welt so … fühlen *will*, erzählt die mir zehn Minuten lang, dass sie sich gerade so … fühlt?

> **STOP** Sie können sich nicht gegen Ihren Willen besser fühlen!

Natürlich befriedigt es ungemein, dem Coach oder der besten Freundin stundenlang von dem aktuellen Liebeskummer zu erzählen, dem Beziehungsstress oder dem Ärger im Job. Wir suhlen dabei ordentlich im Gefühlssumpf. Dann *wollen* wir das und dann genießen wir das auch. Jammern schafft Gemeinschaft. Misery loves company.

Wenn uns oder der besten Freundin das Gejammer aber allmählich auf den Geist geht, kommen viele Frauen nicht mehr aus dem Gefühlstief heraus. Sie versumpfen. Sie bleiben stecken. Sie werden depressiv oder zickig (oder beides) oder flüchten in Übersprungsreaktionen (Shoppen, Putzen). Sie sind mit ihren Gefühlen derart fusioniert (s. Kapitel 1), dass sie eines vergessen haben: ihren freien Willen.

Wer fühlen will, muss wollen

 Die vielen EQ-Rezepte, die Sie in diesem Buch oder sonstwo finden, werden Ihre Gefühlslage nur dann nachhaltig verbessern, wenn Sie ein gewünschtes Gefühl auch fühlen *wollen*.

Wie die Oma schon sagte: „Man muss es wollen!" Sich besser fühlen – warum wollen so viele Frauen das augenscheinlich nicht? Weil sie unreflektiert glauben (s. Kapitel 1): „Wenn es weh tut, ist es echt!" Weil sie Emotionen unbewusst für etwas Unantastbares halten. Es muss schon viel passieren, bis eine Frau sagt: „So will ich mich nicht mehr fühlen!" Ringen wir uns jedoch genau zu diesem Entschluss durch, machen wir eine verblüffende Entdeckung:

Die Gefühle, die jenseits des Entschlusses liegen, uns besser fühlen zu wollen, sind genauso authentisch wie die davor liegenden Gefühle – nur viel angenehmer, konstruktiver und befriedigender!

Also warum wollen Sie so lange mit diesem Entschluss warten, wenn die Gefühle danach genauso echt sind wie die Gefühle davor? Nur viel besser?

 Sie sind der einzige Mensch, der Ihnen sagen kann: „So will ich mich nicht mehr fühlen!" Bitte sagen Sie sich das ruhig öfter. Danach überlegen Sie, *wie* Sie sich fühlen *wollen*.

Wenn ich mit Frauen spreche, die Übles mitgemacht haben – Scheidung, Liebeskummer, Jobverlust, Tod eines Kindes, schwere Krankheit –, dann fällt oft eine ganz bestimmte Aussage, zum Beispiel: „Ich habe so lange nur geheult. Irgendwann sagte ich dann zu mir: ‚Schluss damit. Genug geweint. Jetzt will ich wieder nach vorn schauen.' Ab da ging es mir besser." Wenn dieser freie Willensentschluss in Krisenzeiten so gut funktioniert, wie viel besser funktioniert er dann zu ganz normalen Gefühlszeiten? Warten Sie nicht auf die nächste Krise, um Ihren freien Willen ins Spiel zu bringen. Fragen Sie sich täglich, stündlich: Wie *will* ich mich jetzt am liebsten fühlen?

Raus aus der Opferrolle

Die Frau, das perfekte Opfer?

Warum sagen wir nicht öfter: „So will ich mich nicht mehr fühlen!"? Weil wir oft und insgeheim die Opferrolle schätzen. Wer sich mies fühlt, kann sich selbst leid tun – und das tut gut. Oder bekommt von anderen Mitgefühl und Zuwendung. Auch das tut gut. Es wird Frauen nachgesagt, dass sie seit Jahrhunderten in dieser Opferrolle gefangen sind. Das ist natürlich eine unzulässige Verallgemeinerung. Doch wenn wir ehrlich sind: Es ist schon was dran.

Manchmal können wir uns aus der Opferrolle befreien: Wir kommen abends von der Arbeit heim, sind mies gelaunt, weil irgendein gedankenloser Zeitgenosse etwas Dummes zu oder über uns gesagt hat, lassen uns ein schönes Duftbad ein – und fühlen uns gleich viel besser. Dann wiederum schleppen wir irgendwelchen emotionalen Ballast tagelang mit uns herum und denken in einer ewigen quälenden Endlosschleife: „Warum hat er das gesagt? Wieso kann er nicht ein wenig … sein?" Wir kommen gar nicht auf die Idee mit dem Duftbad – oder es wirkt nicht. Es sind Augenblicke wie diese, in denen wir uns auf unseren gesunden Frauenverstand und unsere emotionale Intelligenz besinnen sollten:

Emotionale Intelligenz in der Badewanne

❏ Wenn Sie sich nach eigenem Befinden viel zu lange schon mies, belastet, gestresst … fühlen, fragen Sie sich: Kann es sein, dass ich in der Opferrolle feststecke?
❏ Fragen Sie auch die typischen Symptome der Opferhaltung ab, zum Beispiel die Schneewittchen-Erwartung: Warte ich gerade darauf, dass ein anderer etwas tut, damit es mir besser geht? Dass mein Chef netter wird, dass der Staat mehr Kita-Plätze schafft, dass Männer nicht mehr so verdammt ignorant sind, dass der Märchenprinz kommt?
❏ Auch symptomatisch: Bin ich gleichzeitig böse auf mich, dass ich mich so hängen lasse?
❏ Kämpfen Sie nicht dagegen an – das macht die Opferhaltung nur noch stärker. Intervenieren Sie paradox: Gehen Sie noch tiefer in die Opferrolle rein. Tun Sie sich mit vollem Einsatz leid. Bemitleiden Sie sich. Heulen Sie. Vor Wut oder vor Frust. Let it all out, baby. Aber nicht vor der besten Freundin! Das wäre schon eher wieder eine Gefühlskompensation. Wenn Sie Ihre Gefühle einmal für sich allein so richtig ausleben, werden Sie eine wunderbare Entdeckung machen: Die belastenden Gefühle ebben ab. Weil sie ihren Zweck erfüllt haben. Weil sie ihre Würdigung erfahren haben. Weil sie ausgelebt wurden.

Paradoxe Intervention

Und die Angst, dass einen diese Gefühle verschlingen oder zerstören, war auch nur das: eine Angst, nichts mehr.
❑ Nach so einer emotionalen Tour de Force werden Sie sich zwar müde, aber gleichzeitig auch erleichtert fühlen. Die alten Griechen sagten Katharsis dazu: Reinigung der Seele. Jetzt sind Sie bereit, mit einem frischen Start weiterzumachen. Bereit für die Frage: Nachdem das überstanden ist – wie möchte ich mich jetzt fühlen?

So tun, als ob

Wer die alten, belastenden Gefühle erfolgreich abschütteln konnte, Katharsis erfahren durfte, seinen Willen aktiviert und sich gefragt hat: „Wie möchte ich mich jetzt fühlen?", fühlt sich schon deutlich besser. Doch das Wunschgefühl braucht manchmal noch etwas mehr Unterstützung. Aufwachhilfe, sozusagen. Eine große Hilfe ist die Act-as-if-Technik.

Brigitte fühlt sich vor jedem Besuch bei einem schwierigen Kunden „so flach und platt wie ein Reifen ohne Luft". Jahrelang hat sie sich mit diesem kraftraubenden Gefühl bei der Arbeit herumgequält. Seit sie beschloss: „So will ich mich nicht mehr fühlen!", hat sich ihr berufsbegleitendes Gefühlsleben deutlich zum Besseren verändert. „Ich stelle mir vor, wie ich mich fühlen möchte – und dann fühle ich mich so!"

Ach, so einfach ist das? Im Prinzip schon – wenn wir noch schnell ergänzen, was Brigitte in ihrem Enthusiasmus nicht erwähnt hat. Oder besser noch: Probieren wir's gleich aus! Fühlen lernt man nur beim Fühlen.

So tun, als ob

 Wie möchten Sie sich jetzt, in diesem Augenblick fühlen? Sie haben die freie Wahl. Suchen Sie sich etwas Schönes aus. Welches Gefühl hätten'S denn gern? Beschreiben Sie es bitte spontan und formlos mit einem ruhig auch bildhaften Satz:
Ich möchte mich jetzt ……………………………fühlen.

Tut sich schon was? Dann ist Ihre innere Stärke beachtlich. Normalerweise muss das zarte Pflänzchen des Wunschgefühls nämlich erst kultiviert werden, bevor es Früchte trägt. Binden wir uns die Gartenschürze um und hegen das Pflänzchen:
Welches Bild springt Ihnen automatisch vors geistige Auge, wenn Sie sich so … (s. o.) fühlen möchten? Lassen Sie jedes Bild zu! Bilder von persönlichen Idolen, von Tieren, Pflanzen, von sich selbst. Eine Seminarteilnehmerin sagte mal: „Wenn ich stark sein möchte, sehe ich immer das Bild meiner Großmutter. Die hat nichts umgeworfen!"
Welches Bild inspiriert Sie zu dem Gefühl, das Sie empfinden möchten? Ihnen fällt partout kein passendes Bild ein? Wie schön, dann sind Sie zweifellos kein visuell, sondern ein auditiv oder kinästhetisch veranlagter Mensch. Dann wenden wir uns Ihrem persönlichen Instrument für gute Gefühle zu:

Drei Arten von Frauen: visuelle, auditive, kinästhetische

 Was *hören* Sie bei dem Gefühl, das Sie empfinden möchten? Bitte notieren Sie:

……………………………………………………………………

Wer sagt das? Sie oder jemand anders? Mit welcher Stimmführung, Tonlage, in welchem Sprechtempo? Aus welcher Richtung?
Da Frauen stark sozial veranlagt sind, hilft bei der Gefühlsgenerierung oft ganz fabelhaft der imaginierte Satz einer positiv besetzten Bezugsperson, die uns sagt: „Du bist heute aber wieder … (gut aufgelegt, super drauf …)!"

Das ist emotionale Intelligenz: mit Gefühlen arbeiten

Sie hören die Stimme deutlich vor Ihrem geistigen Ohr? Ja, die auditiven Frauen können sich das so echt vorstellen, dass ihr eigener Geist keinen Unterschied zwischen Realem und Imaginiertem wahrnimmt und sich prompt das Wunschgefühl einstellt. Wissen Sie, wie Sie das Gefühl noch stärker machen können? Übertreiben Sie's! Nicht unbedingt die Wortwahl, sondern die Stimme in Timbre und Tempo. Machen Sie die Stimme so laut wie aus einem Hifi-Lautsprecher, so sonor wie den Brummbass von Lee Hazlewood, so majestätisch-getragen wie die von Barry White, so wohlklingend wie die himmlischen Fanfaren ... Experimentieren Sie damit! In welchem Klangdesign wirkt Ihre innere Stimme am besten?

Natürlich haben alle Frauen visuelle *und* auditive Anteile – und kinästhetische. Deshalb: Welches Körpergefühl stellt sich ein, wenn Sie Ihr Wunschgefühl empfinden? In welchen Körperteilen spüren Sie es? Wie fühlt sich das an? Wie atmen Sie? Was machen Ihre Schultern dabei? Wie ist Ihr Muskeltonus? Wie können Sie diese Körperempfindungen noch stärker machen? Denken Sie an Tennisspielerinnen: Die ballen manchmal die Faust zwischen den Spielzügen. Das ist nichts anderes als emotionale Selbstbeeinflussung: Ja! Das war ein super Schlag! So möchte ich mich fühlen! Kraftvoll. Siegesgewiss.

Wenn Sie etwas Bestimmtes fühlen wollen, beschreiben Sie das Gefühl so intensiv, detailliert und so oft wie möglich mit Ihren Sinnessystemen (Sehen, Hören, Fühlen) – am intensivsten mit Ihrem Lieblingssystem.

Je intensiver Sie sich diese Beschreibungen vorstellen und ausleben, desto intensiver verspüren Sie das gewünschte Gefühl. Fühlt sich gut an, nicht?

Self-Modelling

Eines der angenehmsten Hausmittelchen zur Schaffung guter Gefühle ist das Self-Modelling. Überspitzt formuliert: Werfen Sie das Buch weg! Wozu sind Sie überhaupt hier? Sie wissen doch schon alles über emotionale Intelligenz! Wetten, dass Sie jeden Tag hundertfach Gefühle erfolgreich verändern?

 Neulich fing es mitten an einem sonnigen Tag plötzlich nachmittags zu regnen an. Mir fiel sofort mein Filius ein, der am Morgen natürlich ohne Schirm zur Schule gegangen war und jetzt auf dem Nachhauseweg sicher pitschnass würde. Ins Auto springen und ihm entgegenfahren? Ja, schon, aber in zehn Minuten steht ein internes Meeting an! Warum müssen Kinder auch immer zum ungünstigsten Zeitpunkt Probleme haben? Ich begann gerade, richtig sauer auf meinen Spross zu werden, der dafür nicht das Geringste konnte, bis vor meinem geistigen Auge das Bild des wohl bald begossenen Pudels mit nassen Haaren und Hundeblick auftauchte – da konnte ich einfach nicht anders. Ich hatte Mitleid mit dem Kleinen und verschob das Meeting um 20 Minuten. Von einer Sekunde zur anderen hatte ich das eine Gefühl in ein anderes verwandelt.

Das Blöde ist nur: Wenn mir zum Beispiel ein wichtiger Kunde ein überraschendes Problem auf den Tisch knallt, denke ich überhaupt nicht an meine Nasse-Hunde-Technik. Da bin ich so im Stress, dass ich meine eigene EQ-Erfolgstechnik prompt vergesse. Das ist das Problem – und die Lösung:

Handeln ist besser als Ertragen!

 Beobachten Sie sich in den kommenden Stunden (das wird garantiert interessant) und versuchen Sie, sich dabei zu ertappen, wie Sie Gefühle ändern: Wie stellen Sie das an? Machen Sie das Unbewusste bewusst. Versuchen Sie, Ihre persönlichen Gefühlsverwandlungsstrategien so detailliert wie möglich zu beschreiben. Schreiben Sie sie auf, wenn Sie möchten. Und dann warten Sie auf die nächste Situation, in der Sie von (negativen) Gefühlen überwältigt werden. Bemerken Sie, wie der Stress der Situation den natürlichen Reflex außer Kraft setzt, Ihre übliche Strategie einzusetzen. Das läuft unbewusst ab. Handeln Sie daraufhin bewusst: Kramen Sie gezielt Ihre persönliche Strategie aus dem Gedächtnis oder dem Spickzettel hervor und wenden Sie sie an. Machen Sie sich keine Sorgen wegen des Erfolgs. Selbst wenn Sie bei den ersten Versuchen Ihrer vielleicht überkritischen Ansicht nach komplett versagen, stehen Sie danach immer noch besser da als zuvor: Aktives Handeln ist immer besser als dumpfes Ertragen.

Die Kleine-Schwester-Technik

Sie erleben ein unangenehmes oder wenig hilfreiches Gefühl? Wie reagieren Sie darauf? Die meisten wollen es loshaben. Was passiert? Es wird stärker.

 Gefühle, die wir bekämpfen, werden meist stärker dadurch. Kampf ist Krampf.

In dieser Hinsicht sind Gefühle wie eine lästige kleine Schwester: Raunzt man sie an, dass sie im Museum gefälligst die Klappe halten soll, mault sie erst recht. Da hilft nur eines: An die Hand

nehmen, dann gibt sie Ruhe (weil sie genau das erreichen wollte: Aufmerksamkeit).

 Behandeln Sie lästige Gefühle wie eine kleine Schwester. Nehmen Sie sie an die Hand.

Reden Sie dem Gefühl gut zu, zum Beispiel: „Schön, dass du da bist. Es ist im Moment leider etwas unpassend. Aber ich verspreche dir hoch und heilig, dass ich dich nachher tief und ganz empfinden werde."

Nie wieder einsam!

Das lästige Gefühl wird dadurch nicht völlig verschwinden. Aber es wird sich zurücknehmen und nicht mehr so stark stören – vorausgesetzt, Sie kümmern sich danach tatsächlich um das Gefühl. Emotionen lassen sich in der Tat wie Personen behandeln. Sie lassen mit sich reden. Probieren Sie's aus. Das ist eine schöne Erfahrung mit einem angenehmen Nebeneffekt: Sie sind nie wieder allein!

Man kann nur ändern, was man versteht

Wenn Sie ein Gefühl empfinden, das Sie gern ändern würden: Zeigen Sie Verständnis. Wie? Mit dem inneren Dialog. Sagen Sie sich zum Beispiel: „Ich verstehe, dass du jetzt am liebsten ... Das war ja auch wirklich ..." Verständnis lindert Gefühle in Sekundenschnelle – so schnell wie eben auch bei fremden Menschen.

Haben Sie Mitgefühl mit sich!

 Jede EQ-Technik, mit der Sie anderen Menschen Gutes tun, ist auch dazu geeignet, sich selbst Gutes zu tun!

Voraussetzung für Verständnis ist, dass wir uns die Mühe machen, uns selbst verstehen zu wollen.

„Warum habe ich das nur wieder gemacht, ich blöde Kuh?" Solche Gedanken zerstören das Selbstwertgefühl und schütten Benzin ins Feuer: Das lästige Gefühl wird nur noch stärker. Dagegen hilft die Erforschung des versteckten Interesses weiter. Fragen Sie sich: Was will dieses Gefühl mir sagen? Und warum schimpfe ich schon wieder mit mir? Was will ich eigentlich damit erreichen? Und könnte ich diesen sinnvollen Zweck nicht auch anders erreichen? Emotionale Intelligenz hat eine Menge mit Selbstakzeptanz zu tun! Utopisch formuliert: Wenn wir jedes Gefühl, das in uns hochkommt, wie die unschuldige Gefühlsregung eines Babys sofort vorbehalt- und bedingungslos akzeptieren würden, wäre dieses Buch nie geschrieben worden, weil keine von uns emotionale Probleme hätte. Emotionale Intelligenz arbeitet daran, diese schöne Utopie wahr werden zu lassen.

Postural Setting

Wie sitzen Sie gerade? Unsere Körpersprache (die Positur) spiegelt unser Gefühlsleben. Deprimierte Menschen schauen zum Beispiel häufig nach unten und laufen mit Katzenbuckel, verspanntem Nacken, hochgezogenen Schultern und schlurfend kleinen Schritten durchs Leben – wenn sie sich überhaupt bewegen und nicht irgendwo verkrümmt sitzen und dumpf brüten.

Achten Sie auf die bekannten Indikatoren für Gefühlszustände: Schultern depressiv hängend? Oder stressig verkrampft nach oben gezogen? Nacken angespannt? Stirn gerunzelt? Hängende Mundwinkel? Verkniffene Lippen oder Augenlider? Geballte Fäuste? Geballter Magen? Verkrampftes Kreuz? Umeinander gewickelte Beine? Eingekrallte Zehen? Zusammengepresste Kiefer? Schlaffe Haltung?

Und dann machen Sie genau das Gegenteil: Aufrichten, Lockern, Spannung rein oder raus, Schrittlänge vergrößern, Lächeln, Stirn entrunzeln …

Indem Sie Ihren Körperausdruck verändern, verändern Sie Ihre Gefühlslage – sofern Sie sich immer wieder an die neue Körperhaltung erinnern.

 Probieren Sie's aus: Wenn Sie das nächste Mal ein ungutes Gefühl überfällt oder wenn Sie sich einfach nur rasch gut fühlen wollen – gehen Sie einmal schnell um den Block, setzen Sie sich drei Minuten auf den Hometrainer und treten Sie mit Höchstgeschwindigkeit, laufen sie drei Etagen die Treppen hoch und wieder runter oder machen Sie fünf Minuten lang alle Handgriffe mit doppelter Geschwindigkeit – und dann beobachten Sie wieder Ihr Gefühl: Es hat sich verändert – garantiert.

Oder noch viel besser: Probieren Sie's gleich aus. Jetzt. Hier.

 Richten Sie Ihren Oberkörper auf. Bitte. Jetzt. Atmen Sie tief ein. Und tief aus. Nehmen Sie die Arme hoch. Strecken Sie sie ganz weit nach oben und nach hinten. Überdehnen Sie Ihren Rücken wie einen Flitzebogen nach hinten. Gähnen Sie dabei, wenn es Sie überkommt. Grinsen Sie. Kichern Sie, wenn Sie mögen. Und nochmals: Tief ein-, dann wieder ausatmen. Wenn Sie allein sind, machen Sie Geräusche beim Ausatmen. Brummeln, quietschen, singen Sie, wenn Sie Lust dazu haben.

Ich kenne keinen Menschen, der sich danach nicht wesentlich besser fühlen würde. Ich kenne auch kaum einen, der danach nicht sagen würde: „So einfach ist es, sich besser zu fühlen? Warum mache ich das nicht öfter?" Weil wir unsere eigenen Bedürfnisse permanent den Bedürfnissen anderer, der Arbeit, dem Beruf, der Familie, … unterordnen. Das ist eine Tendenz, die wir in Kapitel 5 abstellen werden.

Atmen Sie!

Tiefer Atem verleiht Flügel!

Manchmal können wir uns nicht recken und strecken, weil wir mit Menschen zusammen sind, denen jegliche emotionale Intelligenz fehlt. Zum Glück spiegelt auch unser Atem unser Gefühlsleben wider. Bei negativer Gefühlslage ist er kurz, gepresst, ohne Zwerchfelleinsatz. Atmen Sie tief durch! Jetzt! Und nochmals! Und nochmals! Spüren Sie's? Jede, die nicht tot ist, spürt das. Denken Sie daran, wenn die nächste Gefühlswelle Sie anschwappt: Erst mal tief durchatmen! Bauchatmung! Schultern nach hinten, unten, innen! Unterkiefer hängen lassen (Lippen voneinander lösen)! Besser noch: Lassen Sie es gar nicht so weit kommen. Die Inder sagen: Wer tief atmet, wird nicht von der Traurigkeit besucht. Bauchatmung ist EQ-Prophylaxe!

Raus hier!

Einmal den Gang rauf und wieder runter

Wann immer Sie können: Verlassen Sie sofort den Ort, an dem Sie ein überwältigend ungutes Gefühl überfällt. Also: Raus aus dem Büro, aus der Wohnung, aus dem Auto ... Sicher, das geht nicht immer. Umgekehrt gilt aber auch: Wir bleiben viel zu oft an Ort und Stelle – obwohl wir raus könnten. In einer anderen Umgebung haben wir nämlich auch andere Gedanken und Gefühle. Büroarbeiter berichten, dass Ärger schneller verfliegt, wenn sie nur mal rasch den Gang rauf- und wieder runtergehen.

Verdrängen Sie!

Ohne Verdrängung wären wir alle längst schon in der Klapse

Viele fragen mich: „Darf ich mich von unguten Gefühlen ablenken? Oder muss man die immer durcharbeiten?" Klare Antwort: Lenken Sie sich ab! Gehen Sie Shoppen, ins Sportstudio, in die Badewanne, lesen Sie ein Buch, schauen Sie TV, machen Sie einen

Spaziergang, hören Sie Musik … Tun Sie das, was Sie am besten ablenkt. Funktioniert meist glänzend. Wenn es nicht funktioniert, können Sie sich immer noch mit dem Gefühl genauer auseinandersetzen. Frauen grübeln ohnehin viel zu oft und zu lange über ihr Innenleben nach.
Etwas anderes ist es, wenn Sie schon Pfunde ansetzen wegen Frustfressens oder ständig pleite sind wegen Frustshoppens. Dann funktionieren Verdrängung und Ablenkung nicht mehr. Dann probieren Sie eine andere der vielen Techniken, die Sie in diesem Buch finden.

In Morpheus' Armen

„Ich liege nachts oft wach und kann nicht wieder einschlafen." Ungefähr doppelt so viele Frauen wie Männer haben Schlafprobleme, die auch dadurch nicht wesentlich besser werden, dass Schatzi eine Armlänge neben ihnen selig wie ein Baby schlummert, während ihr die innere Welt um die Ohren fliegt. Genau das ist das Problem: Etwas beunruhigt uns, wenn wir nachts aus dem Schlaf schrecken. Deshalb:

❑ Beruhigen Sie sich – selbst. Das funktioniert vor allem dann, wenn Sie auditiv veranlagt sind. Beate zum Beispiel sagt sich: „Beate, Schatz, schlaf weiter. Jetzt kannst du sowieso nichts tun. Und morgen beim ersten Tageslicht packst du das Problem an! Bist doch ein großes Mädel!" Beate hat's gut: Sie glaubt sich. Was tröstet Sie? Noch nie darüber nachgedacht? Möchten Sie es jetzt gern tun? Würde Ihnen das gut tun?

Tröste dich! Wer sollte es sonst für dich tun?

- Falls Sie weniger auditiv und stärker visuell veranlagt sind, werden Sie vor allem deshalb wach liegen, weil ein Katastrophenfilm vor Ihrem inneren Auge abläuft. Schreiben Sie das Drehbuch neu und schauen Sie sich denselben Film in realistischen und in optimistischen, vielleicht sogar utopisch guten Varianten an. Gewiss: Das kostet Überwindung und etwas Übung – aber gilt das nicht für alles, was uns gut tut?

- Eine Variante dieser visuellen Technik: Stellen Sie sich vor, dass der Katastrophenfilm auf einer Kinoleinwand läuft – und dann entfernen Sie sich auf einem endlos langen Mittelgang immer weiter von der Leinwand. Der Film läuft noch, aber das Bild wird immer kleiner – bis es kaum mehr aufregt. Die Technik benötigt ein wenig Übung – aber Zeit genug haben Sie ja spätestens dann, wenn Sie wieder wach liegen.

Gefühle sind zum Fühlen da!

- Lassen Sie sich von der Angst, der Sorge, dem Selbstmitleid überwältigen. Franka sagt: „Manchmal komme ich mir von aller Welt verlassen vor. Dann heule ich ein wenig in meinen alten Teddy – und schlafe prompt ein." Kinder heulen sich manchmal in den Schlaf. Das Kind in uns kann das noch heute – wenn wir es lassen. Weinen hat erlösende, befreiende und entspannende Wirkung. Große Mädchen weinen aber nicht? Noch so ein blöder Spruch, der nichts über Mädchen, aber alles über eine Gesellschaft sagt, der die emotionale Intelligenz völlig abhanden gekommen zu sein scheint.

Kommen Sie sich auf die Schliche!

> ❑ Wälzen Sie sich nicht herum. Verlassen Sie das Bett. **Raus hier!** Aber fangen Sie bloß keine (Haus-)Arbeit an! Werfen Sie sich die Decke vom Wohnzimmersofa über und wandeln Sie durch die Wohnung. Ein Zimmer tut's auch. Der Körper schaltet dann bald wegen der körperlichen Anstrengung auf erholenden Schlafmodus – weil unser Körper meist intelligenter ist als unser ruheloser Geist. Funktioniert nicht bei Ihnen? Gut, dass es noch andere Mittel gibt.
> ❑ Kommen Sie sich selbst auf die Schliche. Wie, das betrachten wir jetzt.

Kommen Sie sich auf die Schliche!

> **z.B.** Kim schwebt seit Tagen auf Wolke sieben. Sie hat einen Kerl kennengelernt, der genau ihr Typ ist: groß, dunkle Haare, südländischer Teint, tolle Augen, ansteckendes Lächeln. Ihr Herz ist Feuer und Flamme. Ihr Verstand nicht, weil er sagt: „Der wievielte Italiener oder Spanier wird das in diesem Jahr? Drei Wochen längstens – dann liegst du wieder heulend auf dem Sofa!" Normalerweise ist Kim das egal. Diesmal nicht.
> Diesmal passt es einfach nicht: Der Job ist zu stressig, der Vater kränkelt – da möchte sich Kim keine Romanze leisten, deren Ende sie nur zu genau kennt. Doch von dieser rationalen Überlegung lässt sich ihr Affekt nicht beeindrucken. Sie fühlt, dass sie drauf und dran ist, sich Hals über Kopf zu verlieben. Also beschließt sie eines Dienstag Nachmittags um halb drei, mit sich selbst zu diskutieren.

Was viele nicht wissen: Hinter jedem Gefühl steckt (mindestens) ein Gedanke.

Egal, was auch immer Sie fühlen, es passt immer mindestens ein Gedanke dazu. Zwischen beiden besteht eine Interdependenz: Gedanken machen Gefühle und Gefühle beeinflussen Gedanken. Wer gut drauf ist, denkt zum Beispiel optimistischer. Und wer optimistischer denkt, fühlt sich besser. Der Clou dabei:

Sie können Gefühle oft nicht direkt ändern. (Kim zum Beispiel kann sich nicht um alles in der Welt ihr Kribbeln im Bauch ausreden.) Aber Sie können jederzeit Ihre Gedanken ändern – und dadurch Ihre Gefühle.

Die einzige Schwierigkeit liegt darin, hinter die Gedanken zu kommen, die hinter den Gefühlen stecken. Denn manchmal sind wir einfach nur wütend, wütend, wütend! So wütend, dass das Gefühl jeden Gedanken metertief verschüttet hat. Es hilft alles nichts: Schaufel raus und graben!

Erforsche deine Gedanken!

Kim zum Beispiel rührt zehn Minuten lang ergebnislos in ihrem Bürokaffee und grübelt darüber nach, welche Gedanken hinter ihrer Vorliebe für Südländer stecken. Auf das Naheliegende kommt sie schnell: die Lebenslust, das Fremd-Exotische, die Höflichkeit Frauen gegenüber – aber das alles ist es noch nicht, wie Kim fühlt. Als sie schon aufgeben will, wetterleuchtet eine schwache Ahnung durch ihren Kopf: Als Kind war sie unsterblich in Luigi verliebt, den vier Jahre älteren Nachbarsjungen. Luigi aber war schon vergeben. Nach diesem erhellenden Geistesblitz findet sie ihren aktuellen Italiener immer noch „zum Anbeißen". Aber Wolke sieben ist es nicht mehr, seit sie sich selbst auf die Schliche gekommen ist. Sie wird sich jetzt nicht Hals über Kopf verlieben. Sie kann wählen. Ihr Verstand ist wieder aufgewacht.

Diskutieren Sie mit sich!

Manchmal reicht es nicht, sich auf die Schliche zu kommen. Dann sollten Sie mit sich diskutieren. Besser: mit dem Gedanken hinter dem aktuellen Gefühl, das Sie verändern möchten. Kim zum Beispiel hat sich ihren Italiener verboten, weil ihr Vater gerade im

Krankenhaus ist. Und obwohl sie ihn so oft es irgend geht besucht (den Vater, nicht den Italiener), plagt sie das schlechte Gewissen. Irgendwie hat sie das Gefühl, nicht genug für ihn zu tun. Das Gefühl wird sie nicht los. Also beschließt sie, es zu disputieren. Dazu muss sie erst einmal herausfinden, welche Gedanken dahinterstecken. Diesmal fällt es ihr relativ leicht. Es ist der Gedanke: „Du tust nicht genug für ihn!"

 Hinterfragen Sie Gedanken, die hinter belastenden Gefühlen stecken.

In vielen Büchern und Seminaren werden für dieses Hinterfragen bestimmte Standardfragen angeboten wie: „Stimmt das wirklich? Entspricht das den objektiv messbaren Tatsachen? Möchte ich so denken? Bringt mich dieser Gedanke meinen Wünschen näher? Was wäre ein realistischerer Gedanke?" Der Vorteil solcher Standardfragen ist: Sie passen immer. Der Nachteil: Etwas, das immer passt, passt nirgends wirklich richtig – das Phänomen kennen wir von Kleidungsstücken, Einheitsgeburtstagsgeschenken oder vorgefertigten Reden.

Ich möchte die Anwendung von Standardfragen von der geistigen Frische abhängig machen. Wenn Ihnen in einer emotional belastenden Situation keine eigene Frage einfällt, weil Sie derart im Gefühlschaos schwimmen – dann greifen Sie zu obigen fünf Fragen. Wenn nicht, fragen Sie das, was Ihr Intellekt spontan als Fragen aufwirft. Kim zum Beispiel fragt sich sofort: „Was heißt ‚nicht genug'? Was wäre denn ‚genug'?" Und dann beginnt sie, diesen Gedanken zu disputieren: „Ich lese ihm doch jetzt schon jeden Wunsch von den Lippen ab! Ich habe sogar manchmal das Gefühl, dass ich ihm mit meiner Überfürsorglichkeit auf den Keks gehe! Also, liebes Unterbewusstsein, sag mir gefälligst, was ich tun soll, damit es deiner Meinung nach ‚genug' ist – oder halt zur Abwechslung mal dein vorlautes Mundwerk." Kim hat im Umgang mit sich selbst einen sehr herzlichen Umgangston. Aber bei

Sie fühlen was? Fragen Sie!

ihr hilft das: Die innere Antreiberin gibt Ruhe – bis zum nächsten Mal. Dann muss Kim sie wieder hinterfragen. Aber immer noch besser, als ständig vom schlechten Gewissen gequält zu sein.

Wenn die Vergangenheit Sie nicht loslässt

Frauen sind ja so nachtragend! Vor allem sich selbst, Kollegen, Kindern, Chefs oder Beziehungspartnern gegenüber. So viele gestehen mir, dass sie sich schlecht fühlen, weil sie oder ein anderer in der Vergangenheit irgendeinen Fehler gemacht haben. Oft liegt das Monate, wenn nicht Jahre, zurück – und verfolgt sie immer noch! Anders formuliert: Sie können nicht loslassen. Was das Kraft kostet! „Ich kann ihm/ihr/mir einfach nicht verzeihen", so lautet der Satz, der dann fällt. Das ist ein häufiger EQ-Irrtum: Wer nicht loslassen kann, sollte nicht mit dem Loslassen beginnen. Sondern mit:

- Erforschen Sie die Absicht des „Missetäters": War es seine/ihre/Ihre erklärte Absicht, den Fauxpas zu begehen? Es ist das Charakteristische von Situationen, die einen nicht mehr loslassen, dass eben keine direkte böse Absicht vorlag. Wenn Sie einmal mit klarem Verstand realisieren: „Mensch, er/sie/ich hat/habe das doch gar nicht gewollt!", haben Sie schon halb verziehen.
- Resultat der Absichtsklärung ist meist die Einsicht: „Mensch, er/sie/ich konnte doch im Grunde gar nichts dafür!" Nach dieser Einsicht verzeiht frau leichter.
- Fragen Sie sich: Wenn sie/er/ich damals schon gewusst oder gekonnt hätte, was sie/er/ich inzwischen gelernt hat/habe, um solche Situationen zu vermeiden, wie wäre die Situation dann abgelaufen? Stellen Sie sich die positiv veränderte Situation genau vor.

Im Neurolinguistischen Programmieren heißt diese Technik „Change History": die eigene Geschichte ändern. Sportlerinnen nennen das nicht so, machen es aber schon seit Menschengedenken: Wenn Tennisspielerinnen zum Beispiel den Ball ins Aus hauen, lassen sie sich vom Balljungen einen neuen Ball geben, stellen sich exakt an die Stelle, an der sie den Fehler begangen haben, und führen in Zeitlupe den korrekten Schlag aus. Das macht den Fehler in der unmittelbaren Vergangenheit zwar nicht ungeschehen, doch sie können ihn nun befreit loslassen. Denn sie wissen: Eigentlich kann ich's ja!

So ändern Sie die Zukunft

 Chantal muss nächste Woche zum ersten Mal vor dem Vorstand präsentieren. Seit drei Tagen schläft sie nicht mehr durch: „Die lachen sich doch schlapp, wenn ich mit meinen zwei Projekten Erfahrung über strategisches Multi-Projektmanagement spreche!" Die Kollegen trösten sie rund um die Uhr: „Die da oben haben doch viel weniger Ahnung vom Thema als du! Deshalb haben sie doch deine Präsentation angefordert!" Das hilft alles nichts. Chantal malt weiterhin vor ihrem geistigen Auge Horrorszenarien. Was raten Sie als inzwischen recht belesener EQ-Coach unserer Chantal? Denken Sie an den Beginn des Kapitels.

Richtig: Erst einmal den Willen klären. Die gut gemeinten Tröstversuche der KollegInnen verhallen wirkungslos, weil Chantal noch nicht *bereit ist*, sich aus ihrem Sumpf von Selbstmitleid zu lösen. Also fragen Sie sie vielleicht: „Chantal, Darling, ich weiß, was du *fühlst*. Lass uns kurz mal darüber reden, was du *willst*. *Willst* du dich so fühlen?" Diese punktgenaue Frage schaltet bei

Erst der Wille

Chantal den emotional verschütteten Frauenverstand wieder ein. Natürlich möchte sie sich anders fühlen! Wie denn?
Erstaunlicherweise sagt Chantal nicht, dass sie sich so kompetent fühlen möchte, dass der Vorstand keines ihrer Worte anzweifelt. Sie möchte gar nicht allwissend sein. Was ihr viel wichtiger ist: „Ich will nicht wie ein kleines Mädchen händeringend und piepsend da vorne stehen!" Wie dann? Chantal entwirft in allen nötigen Details ein Bild eines Auftritts, der nach ihrem Urteil gelungen ist – inklusive auditiver Rückmeldung vom Vorstand plus starkes Selbstwertgefühl. Diesen Film stellt sie sich mehrmals hintereinander vor. Bis er wie von allein abläuft. Bis sie sich sicher fühlt. Seither schläft sie nachts durch.

Auf einen Blick: Fühlen, was Sie wollen

Sie wollen sich anders, besser fühlen? Das ist schon die halbe Miete: das Wollen. Sagen Sie sich mit aller nötigen Entschiedenheit, dass Sie sich nicht länger so fühlen wollen. Entwickeln Sie ein Gefühl dafür, wie Sie sich stattdessen fühlen wollen. Arbeiten Sie mit diesem emotionalen Entwurf. Genügend Techniken dafür haben Sie in diesem Kapitel kennengelernt.

3 Hör auf die innere Stimme!

*Wir vertrauen Experten, Beauty-Magazinen,
unserer Waage, dem Wetterbericht.
Wann lernen wir, uns selbst zu vertrauen?"*
Kirsten Dunst

Melina hat Stress

z.B. Melina ist Kundenberaterin bei einem Landschaftsarchitekten. Sie hilft Unternehmen, Grünanlagen auf dem Firmengelände anzulegen und zu pflegen. Seit einiger Zeit hat sie Mega-Stress: Drei neue Aufträge (weil sie so gut ist), die Handwerker pfuschen am Bau (sie und ihr Partner bauen), die Kleine (acht Jahre) ist versetzungsgefährdet und zu allem Überfluss wird Melina seit Wochen eine lästige Erkältung nicht los.
Glücklicherweise hat sie einen mitfühlenden Chef. Der sagt eines Tages zu ihr: „Ich sehe doch, dass Sie das schlaucht. Wie wär's mit einigen ruhigen Wochen im Innendienst? Wir brauchen dringend gute Leute im Back Office!"

Hand aufs Herz: Wie hätten Sie an Melinas Stelle reagiert? Mit welchen Gedanken? Welchen Gefühlen? Gibt es eine Diskrepanz zwischen beiden? Was glauben Sie, wie Melina reagiert hat? Keine trivialen Fragen. Je mehr Sie sich mit solchen Fragen beschäftigen, desto stärker wächst Ihre emotionale Intelligenz. Übung macht die Meisterin.

Emanzipation = Stress?

Wir haben zwar alle Gefühle. Doch wir können umso besser mit diesen umgehen, je bewusster sie uns sind.

Sie fühlen gerade etwas. Aber merken Sie auch, was Sie fühlen?

Fällt Melina ihrem Chef dankbar um den Hals? Sie fällt zwar, aber nicht um den Hals, sondern fast um vor Schreck. Ihr erster Gedanke – der typisch ist für die Kind, Beruf, Partner und Hausbau locker unter einen Hut bringen wollende moderne junge Frau: „Oh Schreck – der will mich aufs Abstellgleis schieben! Gehöre ich schon zum alten Eisen?"

In der Folgezeit geht Melina auf Tauchstation. Sie geht dem Chef so weit wie möglich aus dem Weg und hängt sich noch stärker in ihren Job rein, um ihm zu beweisen, dass sie noch nicht aufs Abstellgleis gehört. Der Kleinen gibt sie täglich Nachhilfe, den Architekten beaufsichtigt sie persönlich, und damit sie ihren Partner bei Laune halten kann, bestellt sie etwas Gewagtes bei Victoria's Secret.

Sechs (!) Monate steht sie unter einer unerträglichen Doppelbelastung: Stress von außen (Arbeit, Haus, Kind, Partner) plus Stress von innen („Die wollen mich ins Hinterzimmer abschieben!"). Dann endlich, als ihre Hausärztin meint, dass das, was Melina mit Baldrian zu bekämpfen versucht, eine „situationsbedingte" Depression ist, als also der Leidensdruck schon riesengroß geworden ist, da endlich sucht sie das Gespräch mit dem Chef. Der reagiert entsetzt: „Ich? Sie? Aufs Abstellgleis? Wie können Sie mir so eine Ungeheuerlichkeit unterstellen? So habe ich das nie gemeint!"

Reagiert Melina erleichtert? Nein, empört! Sie sagt: „Das ist typisch Mann! Er sieht nur seine Sicht der Dinge! Meine Gefühle bei der Sache interessieren ihn nicht!"

Typisch Frau!

Wie Melina geht es vielen Frauen. Sie sind voll im Stress. Sie leiden. Oft bis zur emotionalen, seelischen und körperlichen Belastungs-

grenze. Sie leiden unter einem typischen Frauenleiden namens ESS (Emotionales Selbstsabotagesyndrom). Die Symptome:

- Melina ist sehr pflichtbewusst. Okay, seien wir ehrlich: Sie ist Perfektionistin. Sie hat auch deshalb so viel Erfolg und Stress im Beruf, weil sie jeden Auftrag 20 Prozent besser und schneller erledigt als ihre Kollegen (was üblich ist für starke Frauen). **Be perfect!**

- Melina ist ein echter Sonnenschein. Im Klartext: Sie versucht bis zur Selbstverleugnung (daher die Depression), everybody's Darling zu sein: dem Chef die hoch effiziente Mitarbeiterin, den Kollegen die sympathische Kollegin, dem Mann die perfekte Liebhaberin, der Tochter die beste Mutter, den Handwerkern ein halber Polier. Leider gilt auch für Melina: Everybody's Darling ist everybody's Depp. **Mach's jedem recht!**

- Melina ist hoch eigenmotiviert. Das heißt, sie ist sich selbst die schärfste Kritikerin, Sklaventreiberin, Besserwisserin. Sie zweifelt an sich – „Gehöre ich schon zum alten Eisen?" – und treibt sich zu immer neuen Bestleistungen, anstatt sich auch mal Verständnis, Zuwendung und Erholung zu gönnen. **Be tough!**

- Melina ist eine moderne junge Frau, wie sie die Emanzipation hervorgebracht hat: Sie stemmt alles. Im Alleingang. Sie engagiert keine Nachhilfe für die Kleine und macht auch nicht den Bauarbeitern via Architekt Dampf – sie erledigt das alles selber. Auch deshalb mosern Männer kaum mehr gegen die Emanzipation: Sie lieben sie! **Mach alles allein!**

- Weil Melina an jedem 24-Stunden-Tag Arbeit für 30 Stunden erledigt, hält sie stets zehn Bälle gleichzeitig in der Luft, ist immer unter Zeitdruck, immer kurzatmig unterwegs. **Hurry up!**

- Am schlimmsten jedoch ist, dass Melina nicht den Mund aufmacht, als ihr der Chef einen Bürojob anbietet. Sie tut das aus gutem Grund: Sie möchte die Beziehung zum Chef nicht belasten. Dafür belastet sie ihr eigenes Seelenleben bis kurz vor die Verschreibungsgrenze für Psychopharmaka. **Schone die Beziehung!**

Was davon kommt Ihnen bekannt vor? Den meisten modernen Frauen geht es wie Melina. Sie leiden unter inneren Antreibern. So werden die emotionalen Selbstsabotagestrategien in der Psychologie (genauer: in der Transaktionsanalyse) genannt.

 Starke Frauen brauchen keine Feinde. Sie erledigen sich selbst.

Antreiber verursachen die am tiefsten empfundenen Gefühle in unserem Leben. Diese Gefühle sind so stark, dass Melina (natürlich unbewusst!) eher eine Depression in Kauf nimmt, als auch nur einen Tag ein wenig kürzer zu treten; dass sie die Beziehung zum Chef über ihre eigene Gesundheit stellt; dass sie sich buchstäblich für ihre Firma seelisch, gesundheitlich und familiär ruiniert, anstatt auch nur einmal um Unterstützung zu bitten.

STOP Es klingt brutal, weil es brutal *ist*: Solange Ihre Antreiber bestimmen, wo's langgeht, können Sie ein glückliches, zufriedenes, ausgeglichenes und vor allem mental und körperlich gesundes Leben abhaken – und ein einigermaßen attraktives Aussehen auch. Denn Antreiber machen hässlich, alt, faltig, dick, hektisch, unsympathisch … um nur einige Symptome zu nennen.

Deshalb spricht man auch von der inneren Schönheit, vom inneren Glanz. Antreiber sind Glanzkiller. Was verdunkelt Ihre innere Schönheit?

Was treibt Sie an?

 Gehen Sie Melinas Sabotageliste noch einmal durch und stellen Sie sich einige Fragen. Am besten wäre, Sie würden je Frage eine kleine Liste sogenannter Critical Incidents, typischer wiederkehrender Antreibersituationen, anlegen:

- In welchen Situationen verhalte ich mich regelmäßig übergenau, überkorrekt, perfektionistisch?
- Wo versuche ich, es jedem recht zu machen?
- Wann nörgle, krittele, zweifle ich an mir herum? (Nicht überrascht sein, wenn Ihre Antwort lautet: „Eigentlich ständig!")
- Was erledige ich allein, ohne nach Unterstützung zu fragen?
- Wann bin ich atemlos unterwegs, fünf Dinge gleichzeitig erledigend?
- Wo stelle ich die Beziehung über meine eigenen Belange und halte den Mund, anstatt für meine Wünsche einzutreten?

Womit machen Sie sich das Leben schwer?

Wer sich diesen Fragen mutig stellt und sie ehrlich beantwortet, kann als emotional normale Frau eigentlich nur mit Erschütterung reagieren. Eine heilsame Erschütterung. Eine Erschütterung im Sinne des Wortes: Erst wenn wir das Alte kräftig aufschütteln, ist Neues möglich.

Entscheiden Sie selbst!

Die meisten Frauen wissen ganz gut, wann die Perfektionistin, everybody's Darling, die Einzelkämpferin oder die Harmoniesüchtige (oder alle zusammen) mit ihnen durchgeht. Ich kenne keine

Perfektionistin, die nicht wenigstens gelegentlich unter ihrem Perfektionismus leiden würde. Denn das eigentliche Leben und die eigenen Wünsche kommen stets zu kurz, wenn die Antreiberin die Peitsche schwingt.

Das heißt nicht, dass Sie der Versuchung erliegen sollten, die Frauenzeitschriften gern propagieren: Bekämpfe deine Antreiber! Reiß dich zusammen! Disziplin! Inneren Schweinehund überwinden!

Kämpfen Sie nicht gegen Antreiber, versuchen Sie nicht, sie zu disziplinieren (das macht sie nur wütend – und stärker). Anerkennen und genießen Sie vielmehr ihre Verdienste und Vorteile.

Perfektionistinnen zum Beispiel bringen es oft sehr weit auf der Karriereleiter, weil sie so viel besser sind als Normalsterbliche. Everybody's Darling ist tatsächlich bei allen beliebt – ein schönes Gefühl. Einzelkämpferinnen fühlen sich stark, fast unbesiegbar.

Aber jede emotionale Schwäche ist zugleich eine Stärke – und umgekehrt.

Genuss ist gesund

Genießen Sie Ihre inneren Antreiberinnen. Ungesund werden Antreiber erst dann, wenn Sie unter ihnen zu leiden beginnen. Geistig, seelisch, körperlich oder materiell. Wie Melina. Manche Frauen leiden monate-, jahrelang, ja oft ein ganzes Leben darunter, dass sie Perfektionistinnen, everybody's Darling oder Einzelkämpferinnen sind.

Ich habe mich lange gefragt, warum manche sich vom Diktat der Antreiber befreien (können) und andere nicht. Bei Frauen, die sich erfolgreich befreit haben, fiel mir ein Satz auf, den sie mit signifikanter Häufigkeit äußern:

„Ich möchte das gern selbst bestimmen können!" Der Satz, der innere Autonomie sowohl anzeigt als auch verschafft.

Heute sagt auch Melina: „Ich weiß, dass ich eine schlimme Perfektionistin bin und schrecklich harmoniesüchtig. Das werde ich nie ganz los – und das will ich auch nicht. Das ist Teil meiner Persönlichkeit und auf meinen Charakter bin ich stolz. Aber ab einem gewissen Grad möchte ich künftig selbst bestimmen, ob ich meinem inneren Antreiber nachgebe oder nicht."

> Wenn Sie das nächste Mal einen inneren Antreiber nahen fühlen, fragen Sie sich: Ich fühle mich innerlich dazu gedrängt, jetzt ... zu tun, zu sagen, zu denken oder zu fühlen. Gut. Aber möchte ich mich wirklich dafür entscheiden? Welches ist die Alternative? Wofür entscheide ich mich?

Diese simplen Fragen helfen Ihnen, sich vom Diktat der Gefühle zu befreien. Wenn Frauen diesen Tipp ausprobieren, taucht regelmäßig ein Problem auf, das typisch ist für das Feld der emotionalen Intelligenz: Es gibt keine Backrezepte für emotionale Intelligenz. Jeder Tipp kommt mit ein, zwei, drei kleinen Nebenproblemen.
Diese Probleme sind nicht „lästig". Sie ermöglichen erst emotionale Stärke: Je mehr Sie sich damit beschäftigen, desto besser, stärker, echter fühlen Sie sich.
Das Problem, das bei Antreibern fast immer auftaucht, ist: Wie können Sie sich für oder gegen Ihre Antreiber entscheiden, wenn Sie gar nicht merken, dass diese Sie im Griff haben?

Achtsamkeit: Was geschieht mit Ihnen?

Melina sagt: „Ich weiß, dass ich öfters Nein sagen sollte. Aber kaum bittet mich jemand um etwas, fühle ich mich gleich verpflichtet und spiele schon wieder everybody's Darling! Ich merke gar nicht, was da vor sich geht. Bis es wieder passiert ist."

Die wichtigste emotionale Fähigkeit ist Achtsamkeit.

„I am the master of my fate; I am the captain of my soul." William Ernest Henley

Wir können oft nicht beeinflussen, was mit uns geschieht. Sie können oft noch nicht einmal beeinflussen, verändern, verbessern, wie Sie sich fühlen. Doch Sie können zu jedem Zeitpunkt Ihres Lebens ganz genau ahnen, spüren, sehen oder verstehen, was es ist, das gerade in Ihnen vorgeht. Das ist zu 100 Prozent eine Fähigkeit, also pure Trainingssache.

 Machen Sie es sich zur Gewohnheit, achtsam mit sich umzugehen. Im Sinne des Wortes auf sich selbst zu achten. Permanent. Das benötigt nur in den ersten Tagen extra Aufmerksamkeit. Danach wird es Ihnen zur zweiten Natur, sich ständig zu besinnen: Was geschieht gerade mit mir? Wie fühle ich mich? Welche Gedanken gehen mir im Kopf herum? Welche im Hinterkopf? Was sagen die Stimmen? Wie reagiert mein Körper? Nein, bitte nicht schon wieder aufschieben. Bitte jetzt gleich damit beginnen: Gehen Sie die Fragen nochmals durch. Zehn Sekunden reichen schon. Also von vorn: Was geschieht gerade mit Ihnen? Erspüren Sie, was in Ihnen vorgeht.

„Das größte Glück ist die Persönlichkeit, mit sich selbst eins zu sein." Goethe

Im Seminar kriegen viele Frauen dabei große Augen und sagen: „Zum ersten Mal habe ich das Gefühl, dass ich mich wirklich um mich kümmere." Es ist *eine* Sache, sich ein Bad oder ein schönes neues Kleid zu gönnen. Eine *andere* Sache ist es, sich selbst bei der Hand zu nehmen, sich wirklich ernst zu nehmen (und nicht wie ein Kind mit einem Geschenk abzuspeisen) und zu fragen: „Wie geht es dir?" Das ist es, was die buddhistischen Gelehrten meinen: Wahres Glück liegt nicht in der äußeren, sondern in der inneren Welt. Kein Kleid von Prada oder Stella McCartney fühlt sich so gut an, wie mit sich selbst im Reinen zu sein.

Wann stecken Sie in den Fängen eines Antreibers? Kleiner Tipp: Immer wenn Sie einen inneren Zwang verspüren, dann wirkt ein Antreiber.
Angenommen, Sie bemerken demnächst dank gesteigerter Achtsamkeit, dass Sie schon wieder recht unnötig perfekt, gehetzt, supertough sind oder sein möchten, dass Ihnen Ihre Antreiber ein glückliches, ausgeglichenes Leben verbieten – was dann? Setzen Sie dem Verbot eine Erlaubnis entgegen.

Ich erlaube es mir!

Antreiber treiben uns zum einen an, während sie uns zum anderen etwas verbieten. Melina wird angetrieben, stets perfekt zu sein. Sie darf keine „halben Sachen" machen, auch wenn sie daran zugrunde geht, auch wenn sie hin und wieder gern fünf grade sein lassen möchte, nur 80 Prozent abliefern möchte, nicht immer so gestresst sein möchte, nicht ständig perfekt, sondern gelegentlich einfach nur menschlich und zufrieden sein möchte. Dann denkt sie oft: „Ach, wenn doch nur der Kunde weniger anspruchsvoll wäre!" Böser Fehler. Vielleicht der schlimmste emotionale Frauenfehler.
Melina erwartet, dass andere – der Kunde, der Chef, ihr Mann, ihr Kind – ihr erlauben, weniger perfekt zu sein. Das ist eine zutiefst menschliche, verständliche Erwartung. Wir alle erwarten den Ritter in glänzender Rüstung, der uns rettet (Männer erwarten die Märchenfee). Ich habe schlechte Nachricht für Sie: Der Ritter kommt nicht. Schlimmer noch: Selbst wenn er kommt, selbst wenn er wie bei Melina in Form ihres Chefs erscheint, der ihr einen Platz im ruhigen Hinterzimmer verschaffen möchte: Wir weisen ihn ab! Oder sind wir nie wirklich ganz zufrieden mit seinen Rettungstaten? Wollen wir immer noch mehr gerettet werden? Warum? Weil es einen einfachen psychologischen Zusammenhang gibt:

STOP Niemand auf der Welt – weder der Papst noch der Bundeskanzler noch alle Nobelpreisträger zusammen – kann Ihnen erlauben, was Sie sich selbst verwehren!

Anders formuliert: Die tiefsten, besten, schönsten Gefühle kommen nicht von außen. Sie können nur von innen kommen. Und zwar genau dann, wenn Sie sich die Erlaubnis dafür geben.

Mach dich glücklich! Niemand kann es sonst für dich tun

Melina zum Beispiel sagt sich: „Diesen Auftrag liefere ich an dem Tag ab, den der Kunde genannt hat – und nicht wieder einen Tag früher. Das erlaube ich mir." Als sie sich das zum ersten Mal sagte, überkam sie ein unbeschreibliches Gefühl der Leichtigkeit: „Mir fiel der sprichwörtliche Stein vom Herzen!" Es befreit immens, sich von seinen Antreibern hin und wieder zu verabschieden.

To do Was würden Sie sich jetzt gern erlauben? Möchten Sie es einmal probieren? Nur Mut! Versuchen Sie's.

Wie kannst du nur!

Falsche Bescheidenheit

Hat die Erlaubnis bei Ihnen gewirkt? Warum wirkt sie bei einigen Frauen nicht? Was denken Frauen, sobald sie sich etwas Schönes erlauben (möchten)? Ihre emotionale Intelligenz ist sicher so weit fortgeschritten, dass Sie darauf kommen. Sie denken: „Wie kannst du nur! Das kannst du dir doch nicht leisten! Was sollen denn andere von dir denken? Es geht auch ohne. Stell dich nicht so an! Denk nicht immer nur an dich! Man kann nicht alles haben im Leben!"

STOP Stellen Sie sich vor, Sie würden das nicht denken, sondern zu einem Sohn, einer Tochter *sagen,* und zwar mehrmals am Tag. Was wären Sie dann? Heiße Anwärterin auf den Titel „Rabenmutter des Jahres". Es ist gut, sich hin und wieder etwas vorzuenthalten. Aber ständig? Immer dieselben materiellen oder immateriellen Dinge? Und immer das, was Sie gerade nötig brauchen? Dazu ist nur eines zu sagen: Hören Sie auf damit! Sofort!

Wie? Indem Sie sich einige Fragen stellen: Mit welchem Recht enthalte ich mir das vor? Warum würde ich das keinem außer mir vorenthalten? Warum bin ich mir so viel weniger wert als alle anderen Menschen? Warum kümmere ich mich nicht um mich?
Drehen Sie den Kant'schen Imperativ um: Behandeln Sie sich stets so, wie Sie von anderen behandelt werden möchten. Liebevoll, rücksichtsvoll, respektvoll, bedürfnisorientiert.
Es steht übrigens schon in der Bibel: Liebe deinen Nächsten *wie dich selbst.* Das ist nicht immer leicht. Tatsächlich ist es die schwerste Aufgabe eines Menschenlebens überhaupt. Und die lohnendste. Das geht selten ohne Diskussion ab. Die Antreiber wehren sich gegen jede Art von Erlaubnis. Reden Sie mit ihnen. Diskutieren Sie nachsichtig und liebevoll mit ihnen. Seien Sie rücksichtsvoll Ihren Antreibern gegenüber und beinhart in der Sache: „Das gönne ich mir jetzt! Später seid ihr wieder dran."

 Der partnerschaftliche, gewaltfreie innere Dialog ist nichts, das wir von Geburt an beherrschen. Wir müssen ihn erst erlernen. Selbst wenn er funktioniert, ist er aufwühlend, oft verwirrend, anstrengend, meist langwierig und voller überraschender Wendungen. Doch wenn wir nicht verständnisvoll mit uns selbst reden können, wie können wir dann erwarten, jemals zufrieden und glücklich zu sein?

Auf die schnelle Art

 Es gibt eine ganz schnelle Art, sich vom Gefühlsdiktat der Antreiber zu befreien. Insbesondere pragmatisch veranlagte Frauen sind davon begeistert. Elvira sagt zum Beispiel: „Immer wenn mich der Harmoniezwang überkommt, mache ich das Gegenteil: Ich rede Tacheles."

Sie tritt niemand dabei auf die Zehen. Aber in Melinas Fall hätte sie ohne zu zögern gefragt: „Chef, wollen Sie mich auf die Ersatzbank setzen?" Der Chef hätte gelacht, hätte das vehement verneint – und die Sache wäre geritzt gewesen. Aber noch nicht überstanden. Denn nach so einem Klartextdialog kommt für die harmoniesüchtige Elvira der wichtigste Teil der emotionalen Emanzipation: die Reflexion.

Hinter jedem Antreiber steckt eine Angst

Wieder Elvira: „Ich muss mir nach so einem offenen Austausch ganz bewusst sagen: Siehst du? Du hast offen geredet – und es ist nichts passiert! Die Harmonie hat nicht gelitten! Im Gegenteil! Das offene Wort hat der Beziehung gutgetan." Diese Reflexion hilft ihr, ihren Antreiber allmählich mit Vernunft zu kultivieren. Die Harmonie leidet eben nicht, wenn frau offen und freundlich spricht. Je öfter Elvira das spürt, umso schwächer wird ihre von Antreibern induzierte Angst. Ein angstfreies Leben ist eine schöne Sache, finden Sie nicht auch?

Vergessen Sie die Versprechungen der Psycho-Ratgeber. Meiner Erfahrung nach werden Sie die Antreiber nie ganz los. Das wäre auch nicht gesund: Sie brauchen alle Persönlichkeitsanteile. Doch je freundschaftlicher und zielstrebiger Sie sich mit ihnen auseinandersetzen, desto besser können Sie mit Ihren Antreibern zusammen ein unbeschwertes und erfolgreiches Leben führen.

 Wenn Sie ein Antreiber packt – machen Sie das Gegenteil! Beobachten Sie die Folgen und erkennen Sie: Es ist nicht das passiert, wovor der Antreiber mir Angst machen wollte!

Auf die tiefgründige Art

Wem die schnelle Art zu oberflächlich ist, kann es auch tiefgründig haben. Wie bei allen Emotionen gilt auch hier: Probieren geht über Studieren! Je mehr Hilfsmittel Sie ausprobieren, desto eher finden Sie etwas nach Ihrem Geschmack. Wie wäre es damit:

 Ergründen Sie die versteckte Absicht hinter Ihrem Antreiber und würdigen Sie diese!

Diese versteckten Absichten sind selten vordergründig. Melina zum Beispiel meint, dass sie so eine Perfektionistin ist, weil sie Angst vor Fehlern hat. Das stimmt vordergründig. Doch warum hat sie solche Angst vor Fehlern? Im Coaching grübelt sie minutenlang darüber nach, probiert einige Erklärungen aus und kommt dann zum Schluss: „Ich glaube immer, dass andere so ein hohes Leistungsniveau von mir erwarten. Und ich möchte diese Erwartung nicht enttäuschen." Und sofort beginnt Melina diese Intention ihrer Antreiberin zu disputieren: „Das ist doch Quatsch! Weder Kunden noch Chef verlangen von mir diese Perfektion! Das vermute ich doch bloß!" Das ist eine Möglichkeit, mit dem Antreiber umzugehen.

Eine andere ist Verständnis: „Schön, dass du so sehr darauf bedacht bist, andere nicht zu enttäuschen. Das ist wichtig für ein harmonisches Zusammenleben." Wenn Ihre Achtsamkeit (s. o.) schon gut ausgeprägt ist, werden Sie darauf etwas Schönes spüren können: Wenn wir den versteckten Absichten der Antreiber Verständnis entgegenbringen, hören sie auf, uns so sehr unter Druck zu setzen, weil sie im Grunde auch nur beachtet werden wollen.

Hinter jedem Antreiber steckt eine positive Intention

STOP Im Gegensatz dazu funktioniert das Lieblingsrezept von wohlmeinenden Partnern, Kollegen oder Vorgesetzten niemals: „Nun sei doch nicht immer so … (perfektionistisch, stur, harmoniesüchtig …)!"

Das haut nur kurzfristig hin: Frau reißt sich mit aller Gewalt zusammen – doch Gewalt provoziert im Innenleben (wie im äußeren) immer nur neue Gewalt. Nach drei, vier erfolgreichen Unterdrückungsversuchen mit viel Disziplin und Überwindung bricht die Antreiberin mit umso größerer Macht wieder an die Oberfläche. Gewalt ist keine Lösung.

Hören Sie!

Es gibt noch eine Möglichkeit, dem inneren Gefühlsdiktat der Antreiber zu entkommen. Ich halte sie für die einfachste, weiblichste, aber nicht ganz leicht umzusetzende Art, mit Antreibern umzugehen. Im Grunde ist sie herzlich simpel: Hören Sie auf Ihre innere Stimme!
Was sagte die leise innere Stimme wohl zu Melina, als der Chef ihr den Job im Innendienst vorschlug? Sie sagte zweifelsohne: „Wie meint er das? Frag ihn, frag ihn!" Warum fragte sie nicht? Weil die Antreiberstimme lauter war: „Sag bloß nichts! Schone die Beziehung!" Deshalb möchte ich meinen Tipp von eben spezifizieren:

 Lernen Sie (wieder), auf Ihre innere Stimme zu hören *und ihr zu folgen!*

Zugegeben, das ist eine lebenslange Aufgabe – aber eine sehr lohnende. Ein kleines Beispiel dazu.

Nach zwei sehr anstrengenden Seminartagen lag ich eines Mittwochs ziemlich platt daheim auf der Couch. Ich wusste, dass ich am Nachmittag noch einen wichtigen Termin hatte, doch ich sagte mir: „Ruh dich noch ein wenig aus, du hast noch Zeit." Als ich mich endlich aufrappelte und ins bestellte Taxi zum Bahnhof sprang, fragte der freundliche Fahrer: „Wann wollen Sie in München sein? Und wann soll der Zug fahren? Ich habe die Verbindungen im Kopf – das haut aber nicht mehr hin." Jetzt sah ich es auch: Ich hatte mich völlig verrechnet! Ich begann, mir heftige Vorwürfe zu machen. Doch dann dachte ich: Was soll's? Fahr ich eben mit dem Taxi nach München. Resultat: Ich war eine halbe Stunde vor dem Termin am Zielort, konnte mich noch prima vorbereiten und entspannen – und gewann deshalb einen lukrativen neuen Auftrag, weil ich so entspannt und gut drauf war.

An diesem Tag lernte ich (wieder einmal), dass die innere Stimme, die mich auf der Couch festhielt und die mich danach zur Taxifahrt überredete, recht behielt – auch wenn es zwischendurch gar nicht danach aussah und die innere Stimme ganz übel vom Verstand beschimpft wurde. Das Problem ist nur: Ich hätte fast nicht auf sie gehört.

Weibliche Intuition

„Weibliche Intuition" ist eigentlich ein Witz: So oft, wie wir sie ignorieren, verdient sie das feminine Attribut nicht.

 Jeder Mensch verfügt über Intuition. Widerstehen Sie der Versuchung, die leise innere Stimme reflexhaft zu überhören, zu verdrängen, ärgerlich zu ignorieren, mit dem Verstand zu überstimmen.

Kurz: Seien Sie wachsam! Sie müssen Ihrer Intuition nicht immer folgen – doch *hören* sollten Sie sie immer. Sie verschwindet nicht nur, je öfter wir sie wegschubsen (sie verhält sich wie ein weggeschubstes Kind). Jeder Schubs hinterlässt auch eine Narbe auf der Seele, die das Selbstwertgefühl schlimmer schwächt als jeder rücksichtslose Chef.

Melinas innere Stimme sagte ihr: „Will er dich aufs Abstellgleis schieben? Frag ihn, frag ihn!" Melina hörte nicht darauf. Warum nicht? Weil der Antreiber lauter war? Weil das Gespräch zwischen Tür und Angel stattfand? Weil es gerade nicht passte? Weil Melina nicht wusste, wie sie ihrer inneren Stimme in der äußeren Welt folgen konnte? Alle diese Gründe spielen mit. Es sind gute Gründe.

> **STOP** Die innere Stimme kommt selten gelegen. Das heißt jedoch nicht, dass Sie sie deshalb ignorieren sollten! Ignorieren ist einfach, aber nicht gut für die Seele und unsere Wünsche.

Dass die innere Stimme meist unpassend kommt, kann nur heißen: Wie können Sie es passend machen?

Die eigene Intuition zugänglich machen

> **Tipp** Wenn die innere Stimme mal wieder unpassend dazwischenredet: Schieben Sie sie nicht weg. Legen Sie nur für eine einzige Sekunde – mehr braucht es nicht – eine Zäsur, einen Denkstopp ein. Sehr hilfreich auch: Einmal tief ein- und wieder ausatmen. Diese kleine Körperübung holt Sie auch geistig aus der akuten Stressschleife. Nehmen Sie in dieser einen Sekunde gewollt und bewusst Notiz von der inneren Stimme. Fragen Sie: „Was willst du mir sagen? Aha, notiert, zur Kenntnis genommen. Danke für den Hinweis."

Die eigene Intuition zugänglich machen

Wie wollen Sie sich gut fühlen, wenn Sie zu sich selbst nicht höflich und freundlich, vielleicht sogar liebevoll sind?
Immerhin sind Sie der Mensch, mit dem Sie die längste Zeit Ihres Lebens zusammen sein werden. 24 Stunden am Tag. Sieben Tage die Woche. Wie können Sie es mit jemand aushalten, der Sie unhöflich behandelt?
Es gibt einen tollen Kalenderspruch, dessen Urheber ich auch mithilfe von Google nicht herausfinden konnte: „Unser Leben kann nicht immer voll Freude sein. Aber es kann immer voll Liebe sein." Stellen Sie sich zwei Frauen vor. Beide haben durch einen katastrophalen Fehler ihren Job verloren. Die eine denkt sich: „Du blöde Kuh, das hast du nun davon!" Die andere denkt sich: „Da hast du Mist gebaut! Aber du hattest eine gute Absicht, das zählt doch auch. Und Fehler passieren nun mal. Du bist nicht Gott, du bist ein Mensch. Und ich hab dich immer noch lieb, auch wenn die Welt zusammenfällt." Eine Coachee brach beim Lesen dieses inneren Monologs einmal in Tränen aus und sagte: „So rede ich nie mit mir! Wenn ich mich so liebevoll behandeln könnte – ich wäre der glücklichste Mensch der Welt. Und ich müsste nicht ständig auf meinen Chef, die Kollegen, meine Liebhaber schielen wegen Streicheleinheiten."

> Welche der beiden Frauen ist glücklicher? Welche hat mehr Selbstwertgefühl?

Je freundlicher Sie Ihre innere Stimme zur Kenntnis nehmen, desto öfter wird sie Sie unterstützen. Sie müssen nicht immer auf sie hören. Aber Sie können sich zumindest immer fragen: Auf wen möchte ich in dieser Situation hören? Die innere Stimme ist nicht böse, wenn Sie ihr nicht folgen. Sie ist sehr vernünftig. Es reicht ihr schon, wenn Sie sie wahrnehmen und partnerschaftlich mit ihr reden. Sie akzeptiert auch mal ein Nein – aber um Himmels willen: Reden Sie mit ihr!
Eine der einfachsten (östlichen) Definitionen von emotionaler Intelligenz ist: Einfach nur das achtsam wahrnehmen, was da ist: Menschen, Häuser, Hunde, Chefs, Wetter, Gefühle, Gedanken, Intuition, Beleidigungen, Streicheleinheiten … Und alles so sein lassen, wie es ist.

> „Bitter words that tossed and blew me, like autumn winds now blow right through me." Alan Parsons

Oder wie die Beatles sangen: Let it be! Lass es *sein*. Das hört sich einfach an. Tibetanische Mönche haben mir versichert, dass es

auch einfach ist – und dass sie ein ganzes Leben lang daran arbeiten.

Die innere Stimme nach außen tragen

Es geht uns allen wie Melina: Es reicht nicht, die innere Stimme nicht länger zu verdrängen, sie muss auch irgendwie raus in die Welt. Bloß wie? Melina sagt: „Was hätte ich dem Chef denn sagen sollen? Dass ich ein komisches Gefühl dabei habe, wenn er mich ins Büro holen will?"

Wir können sehr gut die Argumente unseres Verstandes artikulieren. Doch tief empfundenen Gefühle zu kommunizieren können auch Frauen nicht besonders gut. Weil uns schlicht die Übung dazu fehlt. Deshalb hier ein paar Musterformulierungen zum Anprobieren und – je nach Bedarf – Abändern:

Musterformulierungen für Intuitivpausen

- ❏ „Danke für den Vorschlag. Ich würde gern etwas darüber nachdenken."
- ❏ „Ich habe ein komisches Gefühl dabei. Ich versuche, das mal in Worte zu fassen. Also das fühlt sich an, als ob Sie mich auf die Ersatzbank setzen wollten. Sehe ich das falsch?"
- ❏ „Ich bin in diesem Punkt ambivalent. Einerseits wäre das schön. Andererseits habe ich Zweifel. Ich würde gern zu einem späteren Zeitpunkt mit Ihnen darüber reden."
- ❏ „Gute Idee. Ich bin mir aber nicht ganz sicher. Und ich könnte noch nicht einmal genau sagen, warum. Ich möchte mir das durch den Kopf gehen lassen."
- ❏ „Danke für Ihren Vorschlag. Ich möchte darüber in Ruhe nachdenken."

 Halten Sie immer ein, zwei Musterformulierungen im Hinterkopf, um Ihrer Intuition in der äußeren Welt genügend Freiraum zu verschaffen.

Glauben Sie nicht, dass Sie deshalb schief angeschaut werden. Intuition ist im Augenblick der letzte Schrei. Manager berufen sich schließlich auch ständig auf ihr Bauchgefühl ...

Ein ganz anderes Leben

Die eigene weibliche Intuition ist nicht nur ein wunderschönes Hilfsmittel, um sich aus den emotionalen Ketten der Antreiber zu befreien. Sie eröffnet auch die Möglichkeit zu einem ganz anderen, aufregenden, erfüllenden Leben. Ein Leben in Ruhe, Gelassenheit und Glück, das kein Geld und kein Göttergatte der Welt bieten können.

„La vraie vie est absente." Rimbaud

Eine Trainerkollegin baute endlich ihr eigenes kleines Trainingszentrum. Sie hatte den letzten Cent zusammengekratzt, ihre Rente beliehen. Da entdeckte der Bauleiter eine Quelle auf dem Grundstück: „Betonplatte drüber – und fertig", beschied er. „Die fassen wir, ändern die Baupläne und lassen sie im Innenhof entspringen", sagte die Trainerin. Die Baukosten schossen augenblicklich um einen fünfstelligen Betrag in die Höhe. Geld, das sie nicht hatte. Der Architekt erklärte sie für verrückt, die Bank verweigerte weiteren Kredit und ihr Mann redete wochenlang keinen Ton mit ihr. Inzwischen sprudelt die Quelle im Atrium. Die Trainerin ist nicht bankrott gegangen. Im Gegenteil. Ihre Seminarteilnehmer strömen in die Seminare und sagen: „So etwas Schönes haben wir noch nie erlebt!" Und alles nur, weil sie gegen den Lärm der Welt, gegen den Expertenrat von Architekt und Polier, ja gegen die Stimme des eigenen Gatten unbeirrbar an der winzigen, schüchternen kleinen Stimme festhielt, die ihr damals riet: „Wenn du das Wasser begräbst, begräbst du das Leben."

Welches Leben könnten Sie leben, wenn Sie von heute an öfter auf Ihre innere Stimme hören würden? Vielleicht kein einfacheres Leben – aber ganz bestimmt ein erfüllteres.

Auf einen Blick: Vertrauen Sie der inneren Stimme

Sie sind mal wieder zu perfektionistisch, verhetzt, denken nur an andere, wollen everybody's Darling sein, möchten alles allein machen? Möchten Sie das wirklich? Und wenn Sie die Wahl hätten: Wofür würden Sie sich entscheiden? Für die Antreiber oder für sich? Was Ihnen der aktuelle Antreiber verbietet: Geben Sie sich die Erlaubnis dazu! Wenn nötig, diskutieren Sie diese Erlaubnis mit Ihren Antreibern – aber bleiben Sie bei der Erlaubnis. Nicht immer, aber immer öfter. Besser noch: Wenn Sie ein Antreiber packt, hören Sie in sich hinein. Hören Sie die innere Stimme. Hören Sie auf sie.

4 Ein starkes Herz bewahren

Gefühle sind die Sprache der Seele.
Sprichwort

Vorsicht, Ansteckungsgefahr!

Wir sind hier, damit Sie sich besser, stärker, ausgeglichener fühlen. Heute, morgen, wenn möglich Ihr ganzes Leben lang. Wie wir wissen, hängt das nicht allein von Ihren eigenen Gefühlen ab, sondern auch von den Gefühlen anderer.
Täglich stürmen die Emotionen anderer auf Sie ein. Das kann wunderbar sein, wenn Sie mit lieben Menschen, einem romantischen Liebhaber oder Ihrer besten Freundin zu tun haben. Sind Sie dagegen von weniger netten Zeitgenossen umgeben, können diese Sie mit ihren negativen Gefühlen anstecken, belasten, runterziehen, Ihnen den Tag verderben. Einige Erfahrungen von Seminarteilnehmerinnen:

- „Ist der Chef morgens schlecht gelaunt, würde ich am liebsten gleich wieder heimgehen. Seine Launen schlagen mir derart auf die Stimmung."
- „Kriegt der Kunde Panik, kriege ich Panik – das ist wenig hilfreich, aber ich lasse mich so schnell anstecken."
- „Sobald es eine kleine Missstimmung am Arbeitsplatz gibt, lasse ich mich davon viel zu sehr von meiner eigentlichen Arbeit ablenken."
- „Manche Kollegen muss ich bloß anschauen, um ein flaues Gefühl im Magen zu bekommen."

Gefühle sind ansteckend

Wir lassen uns schnell und intensiv von negativen Gefühlen anderer anstecken und schleppen diese dann oft lange mit uns herum.

Viele meinen: „Was soll ich machen, wenn der Chef spinnt? Ein gutes Arbeitsklima ist mir halt wichtig!" Hinter diesem unbewussten Fatalismus steckt die implizite Annahme: Gegen fremde Gefühle kann man nichts machen, da ist man hilflos ausgeliefert.

Männer sind talentierte Ignoranten

Diese Annahme ist so verbreitet wie falsch. Es gibt Dutzende Arten, mit den Gefühlen anderer umzugehen. Männer zum Beispiel ignorieren, verdrängen oder bagatellisieren die Gefühle anderer oft und gern. Ist das Rezept zu empfehlen?

> **STOP** Die Gefühle anderer zu ignorieren funktioniert selbst bei Männern nicht, weil Verdrängung auf Dauer die eigene Seele und die Beziehung zum anderen beschädigt. Wer mag schon emotionale Ignoranten?

Frauen gehen anders mit belastenden Fremdgefühlen um. Sie sagen zum Beispiel:

- „Ach, wenn er doch nicht immer so mürrisch wäre!"
- „Sie geht mir derart auf den Keks mit ihrer ständigen Nörglerei!"
- „Früher war er so ein witziger, geistreicher Mensch."

Frauen gehen mit negativen Gefühle anderer um, indem sie darüber klagen, der besten Freundin erzählen oder unvorteilhafte Vergleiche anstellen.

Leider keine besonders intelligente Art des Gefühlsumgangs: Dadurch ändern sich weder das eigene Erleben nachhaltig noch die fremden, störenden Gefühle. Ich kenne Ehefrauen, die sich seit 30 Jahren über die Launen und Macken ihres Partners beklagen – und sonst nichts tun. Manchmal vermute ich dahinter Masochismus. Wie können wir intelligenter mit den Gefühlen anderer umgehen?

Wie wäre es zum Beispiel mit dem berühmten weiblichen Einfühlungsvermögen?

Das berühmte weibliche Einfühlungsvermögen

 Meine Tochter erscheint eines Morgens mit hängendem Kopf in der Küche und erklärt: „Mir geht es so schlecht ..." Unwillkürlich sage ich: „Och, du Arme, lass dich drücken!" Perfektes weibliches Einfühlungsvermögen: Eine Mutter weiß eben, was ihr Kind braucht. Ach ja? Wie kommt es dann, dass meine Kleine antwortet: „Dein Mitleid ist wirklich das Letzte, was ich jetzt brauche!" Nur um noch eins draufzusetzen, schicken mir die Parzen der emotionalen Intelligenz am selben Morgen einen Trainerkollegen vorbei, der klagt: „Ärger mit meinem besten Kunden! Katastrophe! Bin völlig durch den Wind." Abermals sage ich dank weiblichem Einfühlungsvermögen ohne zu zögern: „Och, du Armer, das ist ja schlimm!" Worauf dieser erwidert: „Danke. Endlich eine mitfühlende Seele! Das tut gut." Verwirrend?

Wenn das weibliche Einfühlungsvermögen eine so tolle Sache ist, warum „funktioniert" es dann nur so unzuverlässig? Diese Frage stelle ich mir insbesondere, wenn ich klassischen Beziehungsdialogen zuhöre:
Sie: „Wie siehst du denn aus? Geht's dir nicht gut? Was bedrückt dich denn?"
Er: „Mich bedrückt nichts! Lass mich in Ruhe. Such dir jemand anders zum Bemuttern!"
Oder:
Sie: „Beim Frühstück bist du immer so abweisend!"
Er: „Ich bin nicht abweisend. Ich lese die Zeitung!"

Frauen können Gedanken lesen – aber welche?

Sie: „Du musst dich nicht verteidigen. Es ist okay, wenn du morgens etwas abweisend bist."
Er: „Ich!!! (Fäuste ballen sich) bin!!! (Kopf läuft rot an) nicht!!! (Augen werden starr) abweisend!!! Ich lese bloß!"
Eine typisch weibliche Art, Beziehungen zu sabotieren. Dabei haben wir uns so viel auf unsere Empathie eingebildet. Sollten wir sie uns abgewöhnen?

Empathie? Projektion!

Was viele Frauen und leider auch Ratgeber und Frauenzeitschriften Empathie nennen, nennen Psychologinnen in den meisten Fällen schlicht Projektion: Der Mann liest die Zeitung und runzelt die Stirn. Die Frau interpretiert unbewusst in dieses Verhalten hinein: Er ist mürrisch. Das ist er aber nicht. Das ist nicht *sein* Gefühl. Das ist das Gefühl der Frau, das sie entweder selbst verspürt oder bei ihm befürchtet und es ihm deshalb (unbewusst!) unterstellt.

> **STOP** Bitte unterschätzen Sie nicht die Tragweite emotionaler Unterstellungen: Kein Mensch mag es, wenn ihm Gefühle unterstellt werden, die er nicht hat. Sie doch auch nicht, oder?

Wer Gefühle in andere Menschen hineininterpretiert, macht sich äußerst unbeliebt, beschädigt Beziehungen, eskaliert Situationen.
Die meisten Frauen merken das noch nicht einmal. Sie wundern sich bloß, warum der andere so gereizt, abweisend oder passiv reagiert. Wo man es doch gut mit ihm meint! Genau das ist der Punkt: Lassen Sie es! Der schlimmste Feind von gut ist gut gemeint. Wenn wir uns mit unserem sogenannten Einfühlungsvermögen einen solchen Bärendienst erweisen, warum machen wir uns überhaupt die Mühe?

Warum projizieren Frauen?

Richtig geraten: häufig aus Angst. Aus Angst, dass der Partner mürrisch ist, unterstellt sie ihm, dass er mürrisch ist. Aus Angst, dass der Chef sauer auf sie ist, unterstellt sie ihm, dass er sauer ist. Das ist ein menschliches Verhalten. Es hat nur einen Haken:

> **STOP** Frauen unterstellen anderen Menschen oft ihre Ängste, damit die anderen dementieren können: „Nein, ich bin nicht sauer auf dich." Leider wird diese Erwartung meist enttäuscht, weil der Partner zu wütend ist über die falsche Unterstellung.

Wenn Sie Ängste loswerden wollen, hören Sie auf, anderen etwas zu unterstellen.
Wenn Sie mit den Gefühlen anderer adäquat umgehen möchten, sollten Sie zuerst lernen, Ihre Ängste (Erwartungen, Wünsche, Illusionen …) nicht auf andere zu projizieren. Gehen Sie emotional intelligent mit Ihren Ängsten um:

❑ Erkennen Sie zunächst einmal, dass es oft nicht Ihre Empathie ist, die Ihnen suggeriert, beim anderen ein Gefühl entdeckt zu haben.
❑ Erkennen Sie, dass irgendeine unbewusste Angst, Befürchtung, Vermutung aus Ihnen spricht, die dem anderen ein Gefühl unterstellt.
❑ Unterstellen Sie nicht. Fragen Sie gerade heraus: „Kann es sein, dass du sauer auf mich bist?" Selbst ein unglaubwürdiges Dementi bringt Sie weiter als die unheilvolle, vorwurfsvolle Projektion.
❑ Wenn Ihr Selbstwertgefühl etwas stabiler ist, fragen Sie offen: „Wie geht es Ihnen gerade mit mir? Haben wir eine offene Frage zu klären?" Selbst eine ausweichende Antwort bringt Sie weiter als die Projektion.

Intelligentere Arten, mit Angst umzugehen

❑ Sie können die Sache auch wissenschaftlich angehen: Wenn er/sie wirklich … fühlt, was spricht noch dafür? Was dagegen? Meist ist das Ergebnis der eingehenden Beobachtung eindeutig, zum Beispiel: „Wenn er ‚abweisend' hinter der Zeitung sitzt, dabei entspannt zurücklehnt und über den Comic lacht – dann kann er nicht wirklich mir gegenüber abweisend sein. Dann ist er bloß abwesend."

 Kurz gesagt: Denken Sie nach, bevor Sie Ihrem „Einfühlungsvermögen" nachgeben und anderen Menschen Gefühle unterstellen. Denn das sogenannte weibliche Einfühlungsvermögen richtet mindestens genauso viel Beziehungsschaden an wie die sogenannte männliche Gefühlsindolenz.

Ich weiß, die Projektion ist ein unbewusster Reflex: fast wie angeboren, schwer abzugewöhnen. Beim Tier steuern die Reflexe das Verhalten. Und beim Menschen? Das kommt auf Sie an. Wem möchten Sie Ihr Leben anvertrauen? Ihren Reflexen oder Ihrer emotionalen Intelligenz? Reflexe sind kein Schicksal. Emotionale Intelligenz wird uns nicht in die Wiege gelegt. Aber wir können sie uns erarbeiten. Es lohnt sich allemal.

Ups!-Lösung

Eine Bekannte, die sich den Projektionsreflex einfach nicht abgewöhnen kann, weil sie ein derart schnelles Mundwerk besitzt, beweist emotionale Intelligenz, indem sie sich nicht abzugewöhnen versucht, was nicht abzugewöhnen ist, sondern aus der Not eine Tugend macht. Immer wieder höre ich sie sagen: „Warum guckst du denn so … (kritisch, missmutig, böse …)? Oh, ach, ups, 'tschuldigung – ich weiß, ist mir schon wieder passiert!" Weil sie das locker und charmant rüberbringt, taut sie das Eis in Windeseile und der andere öffnet sein Herz – eine Unterstellung hätte das Gegenteil erreicht.

Geben, was gebraucht wird

Obwohl beide frustriert waren – meine Tochter brauchte und wollte keinen Trost, der Kollege schon. Meine weibliche Empathie, sprich mein Projektionsvermögen, brachte also nur bei einem von beiden den gewünschten Erfolg. Das ist beängstigend. Denn für uns Frauen ist es ganz wichtig, anderen zu helfen. Wenn wir uns dabei nicht auf unsere vielgerühmte Empathie verlassen können, worauf dann? Auf unsere emotionale Intelligenz:

 Gehen Sie nicht auf das ein, was *Sie selbst* fühlen, sondern was *Ihr Gegenüber* fühlt.

Zugegeben, es ist anspruchsvoller, herauszufinden, was ein Mensch wirklich fühlt, als ihn ungefragt zu trösten „Och, du Arme!". Deshalb heißt das, worüber wir hier reden, auch emotionale „Intelligenz". Intelligenz ist durchaus etwas Anspruchsvolles. Wie finden Sie heraus, was ein anderer fühlt? Bestes Mittel: fragen. „Wie fühlst du dich?" „Was kann ich für dich tun?" Zweitbestes Mittel: Trial & Error, zum Beispiel: „Du möchtest nicht gedrückt werden? Was kann ich dir dann Gutes tun?"

Logisch? Logisch, aber schwer. Wie weh es einer Mutter tut, wenn das eigene Kind sich nicht trösten lassen will, die Zuneigung zurückweist! Das schmerzt. Ohne ausreichende emotionale Intelligenz schwärt so eine Verletzung und sinnt auf subtile Rache („Dieses Shirt macht dich dick!"). Menschen nicht das zu geben, wonach uns gerade ist, sondern was sie mit ihrem eigenen Dickschädel, eigenen freien Willen und eigenen kleinen Seelchen gerade wollen – das kostet (glücklicherweise nur anfangs!) Riesenüberwindung. Warum? Weil unser eigenes kleines Ego dabei lamentiert: „Und ich? Wer denkt an mich? Ich will doch unbedingt gerade jemanden trösten!" Doch der Lohn für den Respekt vor den Gefühlen der anderen ist unvergleichlich größer, als seinen Dick-

Wem wollen Sie helfen? Dem anderen oder Ihrem Ego?

schädel durchzusetzen und dem Gegenüber die eigenen Gefühle aufzudrängen.

Sie gehen mit den Gefühlen anderer am besten um, wenn Sie erst einmal herausfinden, welche Gefühle das sind – anstatt Ihren Projektionen aufzusitzen.

Warum klappt das so selten?

Eigenes Ego, fremdes Ego

Warum projizieren wir Gefühle auf andere, obwohl es uns in Teufels Küche bringt? Warum trösten wir zum Beispiel Menschen, obwohl diese keinen Trost, sondern Ermutigung von uns erwarten? Weil *wir* in der konkreten Situation keine Ermutigung wünschen, sondern Trost brauchen. Wir hören instinktiv auf unser Ego – das Ego des anderen sehen wir nicht, sondern projizieren unsere Bedürfnisse auf ihn. Das ist nichts Außergewöhnliches, aber für Beziehungen destruktiv und abträglich fürs eigene Gefühlsleben.

 Erst das eigene Ego versorgen, dann das des anderen.

Eine Frau, die unter ihrem seit Jahren am Frühstückstisch „mürrischen", sprich zeitunglesenden Mann litt, hat kürzlich aufgehört, ihn deswegen jede Woche einmal des Mürrischseins zu bezichtigen. Sie sagt stattdessen zum eigenen Ego: „Ich weiß, du wünschst dir nette Unterhaltung zum Frühstück." Das Ego seufzt herzergreifend, als ob es sagte: „Ah! Du verstehst mich wenigstens!" Darauf gibt es Ruhe. Weil es verstanden wurde. Danach fragt sie sich: „Und was wünscht sich das Ego meines Mannes?" Neulich hat sie ihm sogar eine Stulle geschmiert, damit er nonstop Zeitung lesen kann. Er hat das kaum zur Kenntnis genommen. Doch diese kleine Geste in Verbindung mit dem fehlenden Vorwurf des Mürrischseins ließen seine Frau in so gelassener Heiterkeit erstrahlen, dass er ihr zum Abschied den ersten Abschiedskuss seit fünf Jahren gab. Sie schmunzelt: „Er weiß bis heute nicht, warum. Aber ich." Das ist emotionale Intelligenz: Beide sind glücklich.

 Das Schöne an der emotionalen Intelligenz: Es reicht schon, wenn eine(r) emotional intelligent ist, um zwei (und mehr) glücklich zu machen.

Der cholerische Chef

Wenn es darum geht, mit den belastenden Gefühlen anderer umzugehen, ist ein cholerischer Chef ideales Übungsgelände. Elvira hat so einen Chef. „Jedes Mal, wenn er in die Luft geht, könnte ich losheulen und davonlaufen." Manchmal zahlt sie es ihm heim, indem sie zurückgiftet oder ihm heimlich eins auswischt. Einige ihrer Kolleginnen sind mit diesen Reaktionsoptionen zufrieden, Elvira nicht: „Runterschlucken, Zurückgiften oder Sabotage – das sind kindische Reaktionen. Das will ich eigentlich nicht." Gibt es ein besseres Rezept? Gibt es:

Alles verstehen heißt alles verzeihen

 Was Sie verstehen, kann Sie kaum noch belasten.

Elviras Problem ist nicht so sehr, dass sie einen cholerischen Chef hat. Es ist vielmehr, dass sie ihn nicht versteht: „Ich versteh nicht, was soll die Rumbrüllerei bringen? Davon wird es doch nicht besser! Was kann ich denn dafür, dass der Lieferant zu spät liefert?" Viele Frauen belassen es bei diesem ostentativ zur Schau getragenen Unverständnis. Es soll aussagen: „Mein Chef hat ein Rad ab und ich weiß es besser." Das entlastet seelisch durchaus. Sie auch? Dann lesen Sie bei der nächsten Zwischenüberschrift weiter.

Amateure spielen gern One-up-one-down („Ich bin besser als du!")

Ihre emotionale Bewältigungsstrategie für Choleriker stellt Sie offensichtlich zufrieden – was will frau mehr?

Sie sind noch da? Dann sind Sie in guter Gesellschaft. Ich kenne kaum Frauen, die sich auf Dauer mit Unverständnis zufrieden geben. Deshalb zum Verständnis: Choleriker brüllen auch dann, wenn sie Sie anbrüllen, nicht wirklich Sie an. Wen dann? Niemand. Sie brüllen einfach nur für ihr Leben gern. Nicht immer, aber immer dann, wenn bei ihnen die Sicherung durchbrennt.

Manche Menschen werden depressiv, wenn sie im Stress sind. Andere werden aggressiv, wieder andere werden lethargisch, einige werden hektisch. Der Choleriker wird cholerisch. Das hat nichts mit Ihnen zu tun. Das ist einfach seine prädisponierte Reaktionsweise auf bestimmte Arten von Stress.

> **STOP** Deshalb nützt es auch nichts, nein, es stachelt Choleriker nur noch mehr auf (wie Sie sicher schon bemerkt haben), wenn Sie zu beschwichtigen versuchen: „Nun mach mal halblang!" „So schlimm ist das doch nicht." „Nun beruhig dich doch erst mal!"

Was sagt darauf der Choleriker? „Ich will mich aber nicht beruhigen!" Was will er denn? Sich aufregen! Rumbrüllen! Sie können einem Weintrinker nicht den Wein ausreden, einer Frau nicht das Schuhekaufen – das funktioniert nicht! Weil es beiden gegen den Strich geht. Verhalten Sie sich nicht *gegen* den Choleriker, arbeiten Sie *mit* dem Choleriker. Geben Sie dem Choleriker nicht, wonach *Ihnen* gerade ist (Ruhe, Gelassenheit), sondern wonach *ihm* gerade ist: Geschrei.

> **Tipp** Wenn ein Choleriker brüllt, brüllen Sie mit!

Aber nicht: „Was fällt Ihnen ein, mich so anzubrüllen!" Sondern: „Was fällt diesem Tagedieb von Lieferant ein, nicht termingerecht zu liefern! Sauerei! Den verklagen wir! Wo kommen wir da hin! So geht das doch nicht!"

Als Elvira das erste Mal auf diese Weise mitschimpfte, kostete sie das unglaubliche Überwindung. Weil sie eine Frau ist. Weil Frauen nicht herumschreien. Aber eben weil Elvira eine Frau ist, kann sie auch ganz schön zicken, Klauen ausfahren und vom Leder ziehen. Das tat sie. Ausgiebig. Sie brüllte mit. In die angstvolle Stille nach dem Brüll-Duett hinein sagte der Chef darauf: „Mensch, Müllerchen, mit Ihnen kann man ja reden! Und jetzt gehen Sie raus und treten diesem Idioten von Lieferanten in die Weichteile!"

So holen Sie Choleriker vom Baum

Elvira war völlig geplättet, dass ihre Brülleinlage derart gut funktionierte. Sie war noch überraschter, dass sie sich danach weitaus besser fühlte, als wenn sie wieder den Kopf eingezogen und an Flucht oder Rache gedacht hätte. Am überraschtesten war sie jedoch, „dass aggressives Mitbrüllen und mit Schimpfwörtern um sich werfen tatsächlich meine Beziehung zum Chef in dieser Situation hundertmal stärker verbessert hat als alle Leisetreterei. Als Frau muss man so was erst mal erlebt haben, um es zu glauben."

 Emotionale Intelligenz heißt nicht, Menschen ändern oder erziehen zu wollen. Es heißt, auf ihre Gefühle einzugehen – denn nur das kann sie ändern oder erziehen.

Seit Elvira mitbrüllt, brüllt sie der Chef kaum mehr an. Und wenn, dann bedeutend kürzer. Denn er weiß: Mit Elvira kann man reden. Die ist auf seiner Seite. Die ist genauso empört wie er, wenn er mal wieder rumbrüllen muss. Die versteht ihn eben. Elvira versteht ihren Chef inzwischen besser als ihre meisten Kolleginnen.

Viele ihrer Kolleginnen verstehen immer noch nicht, wie sie mit ihrem Choleriker umgehen müssen. Weil emotionale Intelligenz nicht ihre Stärke ist. Stattdessen glauben sie, dass Chefs bestimmte Erwartungen erfüllen sollten. Eine dieser Erwartungen ist, dass Chefs nicht herumbrüllen sollten. Seit Jahren hegen Elviras Kolle-

Erwartungen sind das Gegenteil von emotionaler Intelligenz

ginnen diese Erwartung. Vergeblich. Was sagt uns das über Erwartungen?

Was Menschen brauchen

Emotionale Intelligenz bedeutet, die Gefühle anderer Menschen nicht durch Projektion zu verschleiern, sondern so klar wie möglich wahrzunehmen, zu achten, zu respektieren (nicht unbedingt zu billigen!) und darauf einzugehen.

 Wenn mein Sohn sich zum Beispiel in den Finger schneidet oder mit aufgeschlagenen Knien blutend in die Wohnung humpelt, ertappe ich mich manchmal, wie ich völlig aufgelöst sage: „Oje, oje, das sieht aber schlimm aus. Tut es arg weh? Haben wir so große Pflaster überhaupt im Haus?" Worauf mein Sohn oft beginnt, *mich* zu trösten. „Mama, so schlimm ist das nicht. Pflaster drauf, fertig!" Dann denke ich immer: Prima, gut gemacht. Was er gebraucht hätte, war keine wehklagende Mutter, die er trösten muss, sondern ein Pflaster!

Heulen Sie im Kino ruhig los, wenn der Held stirbt – das stört ihn nicht (er stirbt nicht wirklich, das ist nur ein Film). Im wirklichen Leben sollten Sie jedoch etwas sorgsamer mit Ihren Gefühlsäußerungen umgehen.
Es ist völlig normal, erschrocken und besorgt zu reagieren, wenn ein lieber Mensch blutend in die Wohnung humpelt. Es ist aber gar nicht gut, ihn mit Ihrem Schreck und Ihrer Sorge zu belästigen, zu belasten, zu behelligen. Das wollen Schreck und Sorge, die beiden leidvollen Schwestern, auch gar nicht! Sie wollen *gefühlt* werden. Keine von ihnen hat jemals verlangt, als Ratgeber missverstanden zu werden.

Das Postulat der emotionalen Intelligenz

Hier begegnet sie uns wieder, die übergroße Emotionalität der Frau (s. Kapitel 1): Kaum passiert was, ist frau schon völlig aus dem Häuschen. Das ist schön. Emotionen bereichern das Leben. Doch das Leben braucht manchmal mehr als Gefühlsüberschwang. Es benötigt auch emotionale Intelligenz.

 Fragen Sie sich: Was fühle ich jetzt? Und was fühlt er/sie wohl, vielleicht, augenscheinlich? Dann fragen Sie sich: Was erfordert die Situation? Und was braucht er/sie? Sollte ich ihn/sie mal fragen? Wie viel von meinem Gefühlsüberschwang kann, soll, darf ich ihm/ihr zumuten?

Emotionale Intelligenz ist, anderen das zu geben, was diese im Augenblick brauchen. Trost, wenn sie Trost brauchen. Ermutigung, wenn sie Ermutigung brauchen. Und ein Pflaster, wenn sie ein Pflaster brauchen. Leider scheitern wir an diesem selbstverständlich erscheinenden Postulat der emotionalen Intelligenz viel zu oft.

Das Postulat der emotionalen Intelligenz

Warum sind wir manchmal so verbohrt? Warum jammere ich los, wenn mein Kleiner mit einem blutenden Knie eintrudelt? Warum denke ich sogar hin und wieder unwillkürlich: „Spinnt er jetzt? Warum will er nicht getröstet werden?"

STOP In Stresssituationen werden wir nicht nur von unseren Gefühlen überwältigt, wir nehmen auch unreflektiert an, dass unsere Gefühle richtig sind – und die des anderen falsch.

Er will nicht getröstet werden? Typisch Kind (Mann, Chef, Kunde). Weiß einfach nicht, was gut für ihn ist.

„Mein Mann ist so ein verdammtes Weichei. Beim kleinsten Schnupfen vermutet er gleich einen Hirntumor!"
Übersetzen wir diese Äußerung mal: „Bei einem Schnupfen fühlt man sich doch nicht gleich in der Existenz bedroht! Das ist doch bloß ein Schnupfen!" Ja – für die Frau. Für den Mann ist so ein kleiner Schnupfen jedoch oft eine große Bedrohung seines Unbesiegbarkeitsanspruchs.
Machen Sie sich über die offensichtlichen Gefühle anderer niemals lustig – auch wenn das naheliegt. Verspotten Sie sie nicht. Quittieren Sie sie nicht mit Unverständnis. Zeigen Sie keine Enttäuschung. Sondern: Akzeptieren Sie sie erst einmal vorbehaltlos.
Der andere fühlt so? Gut. Okay. Akzeptiert. Sie müssen seine Gefühle nicht angebracht finden. Sie müssen sie noch nicht einmal teilen. Sie sollten sie lediglich als gegeben hinnehmen wie das Wetter oder das Newton'sche Fallgesetz – dagegen rebelliert ja auch keine geistig gesunde Frau!
Warum fällt es uns so schwer, die oft irritierenden Gefühle anderer zu akzeptieren? Weil Menschen und vor allem Frauen viel Wert auf Konformität legen. Es ist schön, wenn alle dasselbe fühlen, sagen, tun, denken. Harmonie ist schön. Wer einen Schnupfen jedoch als Weltuntergang interpretiert, stört die Harmonie (und unsere Übervater- und Beziehungserwartung an ihn).
Es gibt Dutzende Gründe, warum Sie die Gefühle anderer ablehnen möchten. Und es gibt nur zwei Gründe dafür: Es tut dem anderen gut – und über die Beziehung wiederum Ihnen selbst.

 Deshalb lautet das Postulat der emotionalen Intelligenz: Achte die Gefühle anderer wie deine eigenen.

Weil dieses Postulat zu viele Frauen zu schnell unterschreiben, hier das Kleingedruckte, das sich aus dem Postulat ergibt:

- ❑ Bewerten oder verurteilen Sie andere ruhig weiter: „Typisch Mann! Geht über Leichen!" Das erleichtert momentan.

- Doch wenn Sie sich danach nicht um Achtung für die Gefühle des anderen bemühen, stellen Sie sich auf eine Stufe mit dem Kritisierten – nein, eine Stufe darunter.
- Bemühen Sie sich, das, was Ihnen an ihm/ihr unverständlich erscheint, zu verstehen, aber zumindest als autonome Gefühlsäußerung zu achten. Das heißt nicht, dass Sie sie billigen müssen.
- Hilfreich dafür ist: Kein Mensch macht etwas, das (für ihn!) keinen Sinn macht. Also empören Sie sich nicht, sondern suchen Sie lieber nach dem Sinn.

Verständnis ist der Dreh- und Angelpunkt der emotionalen Intelligenz. Was der Volksmund sagt, stimmt tatsächlich: Alles verstehen heißt alles verzeihen.

Männer verstehen – geht das überhaupt?

Verständnis ist der Schlüssel zum Umgang mit den Gefühlen anderer. Luisa weiß das, hat jedoch Probleme, sich im Umgang mit Männern daran zu halten. Neulich hat sie einem Kunden die falschen Projektdaten geschickt. Steffen macht sich deshalb prompt über sie lustig. Peter greift sie an und Max droht ihr sogar mit Konsequenzen. Luisa sagt: „Das verstehe nun, wer kann! Ich mache einen winzigen Fehler und werde sofort verspottet, angegriffen und sogar bedroht. Die haben doch alle ein Rad ab!" Diese Reaktion ist verständlich. Aber auch typisch Frau.

STOP Frauen regen sich zu oft über Männer auf, ohne sie auch nur im Ansatz zu verstehen, schlimmer noch: sie verstehen zu wollen.

Dabei ist es für den Anfang noch nicht einmal nötig, die Kerle zu verstehen. Nötig ist allein, ihre manchmal verwirrenden und

irrationalen Gefühlsäußerungen als gegeben zu betrachten oder zu achten: Die drei Kerle verhalten sich so (verrückt), also muss das aus ihrer Sicht schon irgendeinen verqueren Sinn machen.

Achtung ist der Nährboden für Verständnis. Diese Achtung auch der absurdesten Gefühlsäußerungen ist für die emotionale Intelligenz entscheidend: Frau kann nicht verstehen, was sie ablehnt. Frau kann nur verstehen, was sie annimmt. Luisa sagt heute: „Was Männer angeht, wundert mich inzwischen nichts mehr. Ich schau mir alles erst einmal in Ruhe an." Dann fragt sie sich, was in den Köpfen der Kerle vorgeht.

> Die beste Frage, um hinter den verborgenen Sinn von unverständlichen Gefühlsäußerungen zu kommen, ist: Welchem Zweck dient das Verhalten? Was möchte er damit erreichen?

Wer andere angreift, fühlt sich bedroht oder möchte sich messen. Vorher sagte Luisa: „Diese ständigen Angriffe und versteckten Sticheleien! Das zieht mich so runter. Ich könnte manchmal heulen vor Frust und Wut." Als sie endlich versteht, dass Männer mit diesem Kampfgockelverhalten eine Bedrohung abwenden oder einen Wettkampf starten wollen, reagiert sie erleichtert: „Die fühlen sich durch mich kleine blonde zierliche Frau bedroht? Was für ein Kompliment! Die wollen einen Wettkampf mit mir starten? Können sie haben!" Woran erinnert uns das? Richtig, das ist ein Reframing (s. Kapitel 1): Luisa interpretiert eine vormals bedrohliche und emotional belastende Situation so, dass sie besser damit zurechtkommt.

Männer kloppen sich gern – kloppen Sie mit!

Als beim nächsten Mal das männliche Dreigestirn wieder auf sie einhackt, steigt sie auf die Einladung zum Kräftemessen ein und sagt zu Max: „Du musst gerade reden! Du hast letzte Woche deinem Kunden das falsche Update auf den Server gelegt!" Sekundenlang ist es totenstill im Team. Dann prusten Steffen und Peter los und gehen nun ihrerseits auf Max los: „Ja, Alter, was hast du dir denn dabei gedacht?"

Hinterher sagt Steffen zu Luisa: „Dem Max hast du's aber gegeben! Der hatte das echt nötig!" Was ist passiert? Luisa wurde offiziell in den Kreis der Musketiere aufgenommen – weil sie bei der kleinen Verbalrauferei nicht die verständnislose Emanze gab, sondern einfach mitmischte. Es gibt kaum etwas, das Männer emotional mehr beeindruckt als eine Frau, die austeilen und einstecken kann wie ein Kerl – ohne einer zu sein. Doch dieser Gedanke ist für fast alle Frauen äußerst gewöhnungsbedürftig. Vor allem für jene, die auf das Diktat der Mode hereinfallen und immer noch glauben, dass Männer modische Fummel für attraktiver erachten als emotionale Kompetenz (aber sagen Sie das nicht Lagerfeld).

 Wer die Gefühle anderer achtet, kann sie verstehen. Wer sie versteht, kann darauf eingehen. Wer auf die Gefühle anderer eingeht, wird von diesen akzeptiert, respektiert und sympathisch gefunden.

Heißt das, dass Sie ab sofort bei den Verbalkeilereien, dummen Witzen und chauvinistischen Sprüchen der Männer mitmischen sollen? Warum müssen Sie denn gleich so übertreiben?
Fangen Sie klein an. Eine ironische Retoure, ein witziger Kommentar oder ein geistreiches Bonmot (vielleicht vorher zurechtgelegt) reicht für den Anfang schon und wirkt auf jeden Fall besser als ein verständnisloser Rückzug oder hilflos empörtes Augenaufreißen. Wenn Luisa verbal nicht mitkloppen will, sagt sie oft nur mit feinem Lächeln: „Wenn ihr Jungs euch verbal ausgetobt habt, könnten wir vielleicht in der Sache weitermachen?" Die Botschaft ist klar: „Ich verstehe euch, ich lasse euch die Freiheit – aber ich habe gerade keine Lust auf Keilerei." Das ist emotionale Intelligenz: Die eigenen und die Gefühle anderer achten.

Auf einen Blick: So schützen Sie sich emotional

"Ach, warum ist er denn nur wieder so eklig zu mir?" Verständlicher Gedanke, leider völlig unnütz: Die Gefühle anderer können Sie nicht wegwünschen, wegjammern oder verbieten. Sie können aber emotional intelligent damit umgehen. Das beginnt damit, dass Sie sich Ihrer eigenen Gefühle bewusst werden – diese achtsam und verständnisvoll willkommen heißen – sich aufkommende Projektionen („Sicher ist er sauer auf mich!") schmunzelnd verkneifen – und dann dasselbe mit den Gefühlen des anderen machen: Achtsam als gegeben akzeptieren (das heißt nicht: billigen!), respektieren, Verständnis dafür entwickeln – und nach Kräften darauf eingehen. Wer die Gefühle anderer achtet und darauf eingeht, wird als sympathisch, kompetent und attraktiv wahrgenommen.

5   Das beste aller Gefühle

The greatest gift is, if you can love yourself.
Des'ree

Weil Sie es sich wert sind

Wann hatten Sie das letzte Mal das Gefühl, dass Sie nichts umwerfen kann, dass Sie mit allem fertig werden? Wann waren Sie rundherum mit sich zufrieden, uneingeschränkt stolz auf sich?
Fragen, die man einer Frau nicht stellen sollte. Denn sie fragen nach dem Selbstwertgefühl. Ein starkes weibliches Selbstwertgefühl ist in beruflich-gesellschaftlichem Kontext eher die Ausnahme. Die Regel ist:

❑ Der Chef geht grußlos vorüber und wir fragen uns instinktiv, was wir jetzt wieder falsch gemacht haben. Mit einem starkem Selbstwertgefühl dächten wir eher: „Was ist ihm denn über die Leber gelaufen?"

❑ Ein Kollege kritisiert uns und wir entschuldigen uns schon mal – obwohl es eigentlich gar nicht unsere Schuld ist. Mit starkem Selbstwertgefühl hätten wir gesagt: „Du bellst den falschen Baum an …"

❑ Ein tolles Projekt wird uns angeboten, doch wir zögern so lange, bis ein unerfahrener Kollege es uns wegschnappt. Jemand mit starkem Selbstwertgefühl würde denken: „Das kriege ich schon gebacken. Das wäre doch gelacht!"

Das schwache weibliche Selbstwertgefühl

Mangelndes Selbstwertgefühl – die Wurzel allen Übels.

Wir wissen alle, wie wichtig ein starkes Selbstwertgefühl ist und dass Frauen ein chronisch schwaches haben. Was tun wir dagegen? Party machen.

Pity Party

Ist Schokolade gut fürs Selbstwertgefühl?

Was machen wir, wenn unser Selbstwertgefühl am Boden ist? Wir reden mit der besten Freundin und heulen uns aus à la: „In diesem Unternehmen haben es Frauen halt schwer!" Pity Party nennen amerikanische Frauen das mit ironischem Unterton. Oder wir gehen Shoppen, ins Studio oder futtern die berühmte Frustschokolade. Danach fühlen wir uns besser. Es wäre schön, wenn unser Selbstwertgefühl danach auch besser wäre, wenn Schokolade gut fürs Selbstvertrauen wäre. Ist sie leider nicht.

STOP Selbstmitleid, Opferhaltung, Ausheulen, Frustfuttern und Shoppen machen kurzfristig ein gutes Gefühl – aber sie stärken das Selbstwertgefühl nicht nachhaltig. Im Gegenteil. Sie schwächen es weiter.

Was Sie spätestens dann schmerzhaft erfahren, wenn der Big Boss das nächste Mal grußlos vorüberzieht. Dann trifft Sie das genauso hart wie beim vorigen Mal, wenn nicht härter. Schokolade hat keine vorbeugende, selbstwertstärkende Wirkung. Im Gegenteil. Nichts gegen Schokolade. Futtern Sie ruhig, wenn Sie der Frust packt. Das erleichtert spontan, kurzfristig. Doch danach sollten Sie auch Ihrem Selbstwertgefühl Nahrung zuführen. Leider sind wir in der Wahl unserer seelischen Nahrung ziemlich unbedacht.

Der Brigitte-Test

Welche Frauenzeitschrift lesen Sie? Brigitte? Freundin? Cosmo? Glamour? Wie fühlen Sie sich danach?
Studien zeigen, dass sich viele Frauen nach der Lektüre sogenannter Beauty Magazines mies fühlen: hässlich, unattraktiv, problemzonenbelastet, weit entfernt von der Idealfigur. Weil frau sich unbewusst mit perfekt retuschierten Modelkörpern vergleicht, die es in Wirklichkeit noch nicht einmal beim Shooting gab. Pain Development nennen die Verkaufsstrategen das: Wer sich hässlich fühlt, kauft Kosmetik und Mode (und noch mehr Beauty-Magazine). Eigentlich sollte auf jeder sogenannten Frauenzeitschrift der Warnhinweis der EU-Gesundheitsministerin stehen: „Vorsicht, dieses Produkt enthält Selbstwertkiller. Die Lektüre dieser Zeitschrift kann zu schweren Schäden Ihres Selbstbewusstseins führen!"

„Don't read beauty magazines, for they will only make you feel ugly!" US-Sprichwort

> **STOP** Sie sollen jetzt nicht Ihr Cosmo-Abo kündigen. Frau muss ja auch modisch en courant bleiben. Womit Sie allerdings aufhören sollten, ist der unkritische Konsum von Selbstwertkillern.

Frauen achten peinlich genau darauf, was sie an Lebensmitteln zu sich nehmen. Viele zählen Kalorien und achten auf eine ausgewogene, fettarme Ernährung. Doch wenn es um Nahrung fürs Selbstwertgefühl geht, „fressen wir jeden Mist in uns rein" – wie eine Seminarteilnehmerin es einmal drastisch ausdrückte. Das ist nicht nur bei Presseerzeugnissen so.
Egal, welche Früchte der Außenwelt Sie konsumieren (die Meinung anderer, Gerüchte, TV, Magazine …): Prüfen Sie die Wirkung auf Ihr Selbstwertgefühl! Prüfen Sie nicht nur, was Sie in den Mund nehmen. Prüfen Sie auch, was Sie visuell und akustisch konsumieren. Fragen Sie sich: Was macht das mit meinem Selbstwertgefühl?

Sie müssen nicht auf Ihre Brigitte verzichten. Doch bei jedem Bild, das Sie darin betrachten, sollten Sie sich fragen, was das Bild mit Ihrem Selbstwertgefühl anstellt – und sich gegebenenfalls schützen. Wie?

Schützen Sie Ihren Selbstwert!

Der Chef grüßt nicht und wir kriegen die Krise, der Kollege kritisiert uns und wir reagieren niedergeschlagen, die Bilder in Frauenzeitschriften machen uns depressiv. Ach ja? Durchbrechen Sie diese Zwangsläufigkeit.
„Niemand kann dich beleidigen, dem du es nicht vorher erlaubt hast." (Eleanore Roosevelt) Was die Frau des US-Präsidenten meinte: Wenn mich jemand beleidigt, kann ich mich nur dann beleidigt fühlen, wenn ich bei mir – meist unbewusst – gedacht habe: „Stimmt, er/sie hat recht, ich bin eine blöde Zicke (dumme Kuh, whatever)." Wenn Sie sich dagegen standhaft weigern, sich die fremde Meinung zu eigen zu machen, kann sie Sie auch nicht beleidigen. Und das geht so:

❏ Distanzieren Sie sich von allen akustischen und visuellen Reizen, die Sie runterziehen wollen. Das nennt man Abgrenzung: „Der Kollege findet meine Arbeit schlecht – seine Meinung, nicht meine. Ich muss mir diesen Schuh nicht anziehen."
❏ Auch die Differenzierung schützt Ihr Selbstwertgefühl, zum Beispiel: „Dieses Kleid sieht super aus – aber das Model ist magersüchtig. So braucht kein geistig gesunder Mensch aussehen." Differenzierung bedeutet: Das rein Sachliche oder Positive vom Selbstwertschädigenden eines äußeren Reizes trennen. Das ist vor allem bei Kritik sehr hilfreich: „Ich habe wirklich nicht gut präsentiert. Aber das kann mein Boss mir auch sagen, ohne sarkastisch zu werden!"

❏ Meiden Sie Selbstwertkiller, wo immer es möglich ist. Viele Frauen schauen sich zum Beispiel nicht mehr die Tagesschau an: „Zieht mich zu arg runter. Nachrichten aus Zeitung oder Radio sind weniger deprimierend."

STOP Übernehmen Sie nicht länger alles unkritisch, was die Umwelt Ihnen an visuellen und akustischen Reizen anbietet! Sie stopfen ja auch nicht jeden Krapfen in sich rein, den man Ihnen anbietet.

Sie schützen Ihren Körper, indem Sie auf Ihre Nahrung achten. Schützen Sie auch Ihre Seele, indem Sie auf optische und akustische Nahrung achten. Das entspricht der achtsamen Lebensführung des Zen-Buddhismus. Und je achtsamer Sie leben, desto selbstbewusster werden Sie.

z.B. Sonja, Mitglied der Geschäftsführung eines Mittelständlers, sagt zum Beispiel: „Ich lasse grundsätzlich nichts mehr an mich heran, das meinen Wert schmälert. Wenn ich einen Fehler mache, erkenne ich ihn als solchen. Aber ich gebe niemandem mehr das Recht, mich deshalb runterzuputzen. Nicht einmal mir selbst."

Wie kann Sonja so radikal auf negative Werturteile pfeifen? Weil ihr offensichtlich ihr eigener Selbstwert am Herzen liegt. Eine sehr gesunde Einstellung.
Es ist durchaus in Ordnung, wenn Sie jede Form des Runterputzens ablehnen – sowohl die innere wie auch die äußere. Das heißt: Nehmen Sie den Anlass der Kritik, also die Sache, so ernst wie nur irgend möglich. Aber weigern Sie sich vehement, die *sachliche* Kritik *persönlich* zu nehmen, sie auf Ihr Selbstwertgefühl durchschlagen zu lassen. Das ist nicht nur schädlich für Ihr Selbstvertrauen, das ist auch kontraproduktiv: Kein vernünftiger Mensch verlangt von Ihnen, dass Sie sich mies fühlen – Sie sollen lediglich den Anlass einer Kritik aus der Welt schaffen.

Die innere Kritikerin

Haben Sie den Eindruck, dass Frauen sich gut gegen abwertende Einflüsse von außen abgrenzen können? Ich habe eher den gegenteiligen Eindruck. Die Schwiegermutter sagt zum Beispiel: „Mütter, die arbeiten, sind Rabenmütter!" Die Schwiegertochter ist promovierte Sozialwissenschaftlerin und kennt mindestens zwei Millionen Studien, die das Gegenteil beweisen. Trotzdem denkt sie spontan nicht: „Das ist Schwiegermamas Meinung, nicht meine!" Warum grenzt sich die Schwiegertochter nicht ab, um ihren Selbstwert zu schützen? Warum läuft sie stattdessen tagelang mit dem Gedanken herum: „Bin ich wirklich eine Rabenmutter?"

Weil die äußere Kritikerin von der inneren Kritikerin Schützenhilfe bekommt. Die äußere Kritik trifft einen wunden Punkt, der die innere Kritik auslöst: „Stimmt irgendwie, ich bin nicht oft genug bei der Kleinen."

Der schlimmste Feind des weiblichen Selbstwertgefühls ist nicht der Mann, sondern die innere Kritikerin. Verwandt mit der inneren Kritikerin sind die innere Skeptikerin, Zweiflerin, Pessimistin, Zynikerin, Defätistin, Perfektionistin, Antreiberin …

 Wer ist in Ihrem Innern dafür zuständig, Sie runterzuputzen? Was sagt Ihre innere Kritikerin oft und gern?

Hören Sie genau zu, wenn Ihre innere Kritikerin spricht. Warum nur hinhören? Warum die Kritikerin und ihre selbstwertschwächenden Schwestern nicht gleich über Bord werfen? Weil Sie diese scharfzüngige Sippe niemals über die Reling bekommen. Sie ist zu schwer. Und so oft Sie sie auch wegschicken, sie kommen immer wieder. Aber das haben Sie sicher schon bemerkt. Man kann nicht Teile der eigenen Persönlichkeit bekämpfen – obwohl wir das reflexhaft immer wieder versuchen. Das funktioniert nur kurzfristig und kostet wahnsinnig viel Disziplin. Kampf ist Krampf.

Die innere Kritikerin

Um mit dem inneren Runterputzkommando umzugehen, benötigt es etwas emotionale Intelligenz:

- Achten Sie bewusst auf Ihre inneren Monologe.
- Wann immer eine negative innere Aussage auftaucht, halten Sie bewusst inne. Im Schnitt wird das ein- bis zweimal pro Minute passieren.
- Erschrecken Sie nicht über die Fülle der negativen Gedanken, die durch Ihren Kopf spuken. Und machen Sie sich dafür keine Vorwürfe – denn auch Vorwürfe werten Sie ab!
- Bekämpfen Sie die innere Kritik nicht. Das macht die innere Kritikerin nur noch kritischer.
- Bedanken Sie sich vielmehr bei ihr für jede Information.
- Würdigen Sie die versteckte Absicht der inneren Kritikerin. Meist möchte sie Sie vor Enttäuschung schützen. „Du bist völlig unfähig!", sagt die innere Kritikerin. Was sie damit meint: „Ich habe Angst, dass du andere enttäuschst!"
- Dann fragen Sie sich: Die innere Kritikerin verfolgt eine noble Absicht – aber muss es gleich in so verletzendem Ton sein? Möchte ich wirklich so mit mir umgehen? Wie könnte sie es mir freundlicher sagen? Und dann formulieren Sie die innere Kritik in einem freundlicheren Ton.
- Fragen Sie: Stimmt das überhaupt, was ich gerade über mich denke? Was ist faktisch richtig? Meist ist es nur halb so schlimm ...

 Arbeiten Sie mit der inneren Kritikerin zusammen – nicht gegen sie.

Maria zum Beispiel denkt nach einer Präsentation: „Das hätte viel besser laufen können. Ich habe mich unter Wert verkauft. Mist, Mist, Mist!" Normalerweise würde sie dieser Angriff der inneren Kritikerin einen halben Tag lang runterziehen und ihr Selbstwertgefühl so sehr schwächen, dass es Kollegen und Kunden bemerken und es auf ihre Arbeitsleistung durchschlägt.

Seit sie gelernt hat, mit der inneren Kritikerin zusammenzuarbeiten, ist das anders. Sie denkt: „Danke Hiltrud (so heißt ihre Kritikerin) für dein Feedback. Du hast recht, einiges hätte besser laufen können. Was denn? Könnten wir das bitte klären, damit es beim nächsten Mal besser geht?" (Hiltrud hört auf zu stänkern und listet auf.)

Im Grunde genommen ist die innere Kritikerin (Defätistin, Antreiberin ...) kein böses Mädchen. Sie ist nur wahnsinnig empfindlich, sorgsam, ängstlich. Runzelt der Chef die Stirn, denkt sie sofort an Weltuntergang. Das ist nicht ihre Schuld – aber wer zwingt uns denn, die Unkenrufe der inneren Schwarzseherin so unkritisch zu übernehmen?

Du bist nicht gut genug!

Warum wir perfekt sein müssen

Der wahrscheinlich größte Selbstwertkiller der Frau ist das nagende Gefühl, nicht gut genug zu sein, nicht attraktiv genug, nicht kompetent genug, nicht fleißig genug, nicht nett genug, nicht ... Aus diesem Grund übernehmen wir unreflektiert auch die blödsinnigste Kritik. Aus diesem Grund versuchen wir, die perfekte Mutter, Berufstätige und Beziehungspartnerin gleichzeitig zu sein. Aus diesem Grund schleppen wir uns zur Arbeit, auch wenn wir schon längst mit Kamillentee ins Bett gehörten. Wir alle kennen diese Angst (unter der übrigens auch Männer leiden – sie wissen es nur meist nicht). Das Blöde daran: So schlimm wir uns auch übernehmen, so viele Aufgaben wir gleichzeitig perfekt erledigen wollen – es ist nie genug. Die Angst geht nie weg. Wir glauben, wenn wir uns noch ein wenig mehr verausgaben, noch mehr Überstunden machen, uns noch mehr um Partner und Kinder kümmern, ist es endlich genug, geht die Angst endlich weg. Das ist die vielleicht größte Illusion des weiblichen Lebens: Die Angst geht nicht weg. Schlimmer: Je mehr wir uns verausgaben, desto ärger wird oft die Angst.

Du bist nicht gut genug!

 Nur wer sich selbst genügt, verliert die Angst, nicht gut genug zu sein.

Dieser Satz löst im Seminar stürmischen Widerspruch aus: „Wie kann ich mir selber genügen, solange ich noch so dick (dumm, erfolglos, unglücklich, krank, ungeschickt, unattraktiv, eine schlechte Mutter, nur eine kleine Angestellte, immer noch Single …) bin?"

> **To do** Wie lauten Ihre guten Gründe, die Sie davon abhalten, sich selbst als wertvoll, ausreichend und gut zu betrachten und zu fühlen? Listen Sie auf, wenn Sie mögen. Vervollständigen Sie dazu den Satz: Ich bin erst dann gut genug, wenn ich …
>
> ....
>
> ....

Was tun Sie mit diesen Gründen? Sie versuchen wahrscheinlich, sie aus der Welt zu schaffen. Eine der am häufigsten dafür eingesetzten Methoden ist die Schönheits-OP: „Mit der richtigen Nase mag ich mich!" Das sagen zumindest alle Frauen nach einer Nasen-OP. Vier Wochen danach. Das kommt dann im TV. Deshalb lassen sich Frauen reihenweise operieren. Was das TV nicht zeigt, zeigen Studien auf erschreckende Weise: Spätestens ein bis zwei Jahre nach der allein seligmachenden OP ist der Selbstwert der Operierten wieder auf dem Vor-OP-Level. Dann ist die nächste OP oder Wunderkur oder der nächste, noch jüngere Liebhaber oder eine neue Wohnungseinrichtung fällig. Eine Milliardenindustrie hängt daran. Ein Kosmetik-Manager sagte einmal zu mir: „Wenn ihr Frauen endlich erkennen würdet, dass unser neuer Lippenstift nicht wirklich und dauerhaft euer Selbstwertgefühl aufpolieren kann, wären wir alle unseren Job los."

„I'v been outside myself for so long. Any feelings I had are close to gone." K.D. Lang

Selbstakzeptanz ist eine Entscheidung, ein Entschluss – nicht das Ergebnis von Perfektion

Wenn Kosmetik das Selbstwertgefühl nicht nachhaltig stärken kann, was dann? Eigentlich etwas ganz Einfaches, aber sehr Schweres: Akzeptanz. Und weil das so schwer zu erklären ist, betrachten wir es an Amelies Beispiel.

Sie sagt: „Noch vor einem Jahr fand ich mich nicht wirklich gut. Zu dicke Beine für kurze Röcke, zu wenig Zeit für die Kleine, zu wenig Sex-Appeal, um meinen Mann für mich zu interessieren, zu nachgiebig im Job. Ich tat, was alle tun, um mein Selbstvertrauen zu stützen: Aerobic gegen die Beine, mich furchtbar abhetzen für jede Minute mit der Kleinen, im Bett die Leidenschaftliche vorspielen, im Job die Toughe rauskehren. Half schon. Aber wahnsinnig anstrengend. Und selbstzerstörerisch. Ich habe mich dabei verloren. Irgendwann dachte ich: Und wo bleibe ich? Das bin ich alles nicht! Das hielt ich nicht mehr aus. Und ich bin froh darüber. Ich kenne Frauen, die haben schon viel zu lange ausgehalten. Ich habe mir dann alles vorgenommen, womit ich unzufrieden bin. Meine Beine. Stimmt: zu dick. Und ich mache weiter Aerobic. Aber nur noch einmal die Woche. Wenn ich dünnere davon bekomme, gut. Wenn nicht: schade. Aber ich mache meinen Selbstwert nicht mehr von der Form meiner Beine abhängig. Diese Abhängigkeit möchte ich nicht mehr. Ich bin mehr als meine Beine. Im Herzen fühle ich mich sexy und liebevoll. Das ist mir mehr wert. Herz schlägt Bein. Ich bin auch nicht 24 Stunden am Tag bei der Kleinen. Aber wenn ich da bin, bin ich die beste Mutter, die ein Kind bekommen kann. Für alles Negative fand ich etwas Positives, das mehr wert ist. Ich hatte vorher nur nie danach gesucht. Aber es lohnt sich. Jede Frau sollte das tun. Mir tun Frauen leid, die noch glauben, sie bräuchten ein neues Kleid oder eine OP, um den Mangel im Herzen zu füllen. Auch ich freue mich über ein neues Kleid. Aber ich weiß, ich bin auch ohne ein wertvoller, ganzer Mensch."

Das Gefühl, gut genug zu sein, kommt nicht vom Shopping oder von der Schönheits-OP. Es ist nicht abhängig von solchen Äußerlichkeiten. Es beruht auf der Entscheidung, sich selbst anzunehmen – mit allen Mängeln und Makeln.
Wenn Sie alle die Gründe, warum Sie nicht gut genug sind, einmal vergessen: Was macht Sie zu einem wertvollen Menschen? Nein, nicht was Sie in den Augen anderer zu einem wertvollen Menschen macht, sondern in Ihren eigenen Augen (weil es die einzig maßgeblichen sind für den Selbstwert – deshalb heißt er so). Je verrückter und spontaner Ihre Antworten darauf sind, desto eher entdecken Sie Ihren Selbstwert.

- „Ich mag alles Schöne in der Welt."
- „Manchmal komme ich mir so fließend vor wie ein Gebirgsbach."
- „Ich achte gern auf die kleinen Dinge im Leben."

Stimmt, das sind ziemlich seltsame Antworten – doch für die Antwortenden spiegelt sich darin ihr ganz persönliches Urgefühl wider, das sie in ihren eigenen Augen zu einem einzigartigen, starken und liebenswerten Menschen macht. Wer einmal dieses seltsame Urgefühl herausgespürt und erlebt hat, fühlt sich gut genug.

STOP Das große Missverständnis der Akzeptanz lautet: „Ich mag mich auch trotz meiner kleinen Schwächen."

Ständig lese ich das in der Trivialliteratur. Daraufhin versuchen Frauen oft jahrelang, sich trotz ihrer dicken Beine oder zu kleinen Busens (or whatever) zu mögen. Die Ergebnisse sind meist sehr frustrierend.
Halten Sie sich nicht mit Ihren kleinen/großen Fehlern auf. Fehler hat jede(r). Suchen Sie lieber nach dem, was Sie stark, friedvoll, einzigartig und harmonisch macht. Woran Ihr Herz hängt.

Amelie hat zum Beispiel ihre Liebe zur Musik neu entdeckt: „Wann immer ich vor mich hinsumme, fühle ich mich einfach harmonisch und ganz. Da denke ich noch nicht einmal an meine Beine! Und wenn, ist es mir egal!" Wenn Sie das entdeckt haben, was Sie stark macht, verschwinden Ihre Makel und Fehler automatisch von der gefühlten Bildfläche.

Wie würde eine selbstbewusste Frau reagieren?

Manchmal, vor allem in stressigen Situationen, können wir uns nicht bis zu unserem Urgefühl durchspüren, um unseren Selbstwert wieder aufzubauen. Es fehlt einfach die Zeit. Oder der Zugang. Dann tun Sie einfach so, als ob. Ursula erzählt: „Wenn ich merke, dass ich mir wieder mal selbst abhanden komme, dass ich mich klein und doof fühle, frage ich mich: Wie würde sich jetzt eine selbstbewusste Frau verhalten? Was würde sie denken, fühlen, tun? Wie würde sie stehen, lächeln, sprechen? Was würde sie sich sagen? Wie würde sie atmen?"

Seltsamerweise oder erfreulicherweise wissen selbst vor Angst bibbernde Frauen meist sehr genau, wie sich ein gesundes Selbstwertgefühl anfühlen würde. Weil Frauen eben so emotional sind, können sie sich ohne Weiteres auch die Gefühle vorstellen, die ihnen gerade fehlen – und sie damit wecken. Das ist sozusagen die kinästhetische Variante der Autosuggestion.

 Sie sitzen/liegen/stehen hier und lesen. Wie würde eine ausgesprochen selbstbewusste Frau hier sitzen/liegen/stehen und lesen? Körperhaltung? Mimik? Atmung? Gedanken? Gefühle?

Je länger, öfter und intensiver Sie sich in jemanden hineinfühlen, der sehr selbstbewusst ist, desto stärker wird Ihr Selbstwertgefühl.

Die Seelendusche

Manchmal hilft alles nichts. Wir fühlen uns hoffnungslos niedergeschlagen. Wir haben schon alles probiert, zwei paar neuer Schuhe gekauft, uns in die Haut einer Selbstbewussten hineinzuversetzen versucht – alles vergebens. Wir fühlen uns noch immer klein, doof, dick und blöd. Dann hilft die Seelendusche: Stellen Sie sich unter die Gefühlsdusche und drehen Sie voll auf!
Wenn es Ihnen gar zu mies geht, geben Sie den miesen Gedanken nach – aber volle Kanne!

Lena hat eben erfahren, dass ihr Lieblingsprojekt mangels Budget eingestellt wird. Natürlich bezieht sie das unwillkürlich nicht auf den Budgetmangel, sondern auf sich: „Ich hätte mich mehr reinhängen sollen. Ich hätte die Kosten stärker kontrollieren sollen. Ich bin keine gute Projektleiterin!" Mit diesen Gedanken läuft sie eine Woche lang durch die Welt. Bis sie ihrer Mentorin begegnet. Die holt sie zu sich ins Büro und macht die Tür zu. Sie ist eine resolute ältere Dame mit Vorstandsrang, die zu Lena sagt: „Lassen Sie mich raten: Sie halten sich für die schlechteste Projektleiterin der Welt. Na? Gut. Dann sagen Sie das jetzt. Laut. Nochmals. Lauter."
Lena sagt es – und fängt an zu schluchzen. Nach einer Minute reicht ihr die Mentorin ein Taschentuch und sagt: „Lena, wenn Sie so schwer an Ihren Gefühlen tragen, dann hören Sie auf, sie durch die Gegend zu tragen. Lassen Sie sie raus. Laufen Sie nicht länger weg. Lassen Sie sich von den Gefühlen einholen, überwältigen, mitreißen, zuspülen. Wie Sie eben erlebt haben: Nach spätestens fünf Minuten legt sich der Sturm der Gefühle. Fünf Minuten! Und Sie laufen jetzt schon fünf Tage niedergeschlagen durchs Haus! Halten Sie sich immer noch für die schlechteste Projektleiterin der Welt?" „Ach was", sagt Lena. „Im Gegenteil. Ich hänge mit Herzblut an meinen Projekten. Das ist doch was Gutes!"

Sie halten sich für … ? Okay. Sagen Sie's. Laut. Werfen Sie sich mit geschlossenen Augen in das Gefühl. Drehen Sie die Dusche voll auf. Der emotionale Aufruhr, der daraufhin einsetzt, wird Sie buchstäblich mitreißen – und Ihnen unheimlich guttun. Wie eine Seelendusche.

Weichen Sie massiven Gefühlen nicht aus, die Ihren Selbstwert schmälern. Leben Sie sie lieber aus. Oder wie der Volksmund sagt: Da muss frau durch – um am anderen Ende des Gefühlsbades geläutert und gestärkt herauszukommen. Katharsis – wie die alten Griechen sagten.

Eigenlob stimmt!

An dieser Stelle ein großes Lob an Sie: Obwohl die meisten Frauen heftig unter einem schwachen Selbstwertgefühl leiden, tun die wenigsten etwas dafür. Sie, liebe Leserin, gehören zu den löblichen Ausnahmen. Obwohl das Thema gewiss kein leichtes ist, haben Sie sich bis zu dieser Stelle vorgearbeitet. Das war sicher nicht einfach. Auch dafür meine tief empfundene Anerkennung.

Hand aufs Herz: Was haben Sie eben gefühlt? Die meisten Frauen fühlen sich unwohl, wenn ihnen Anerkennung ausgesprochen wird. Frauen dürsten zwar ständig nach Anerkennung, verweigern aber konsequent Komplimente.

- ❏ „Diese Bluse sieht toll an dir aus. Ist die neu?" – „Ach was, die hab ich schon lange!"
- ❏ „Das haben Sie gut gemacht, Frau Müller." – „Nicht der Rede wert, ist doch mein Job."

Finden Sie ganz normal? Welche Frau fände das nicht. Wir wurden alle so erzogen: Sei immer schön bescheiden wie das Veilchen im Moose – und nicht eine arrogante Kuh wie die eingebildete Rose. Solche Poesiealbumsprüche und Erziehungsdogmen zerstören das Selbstwertgefühl jedes gesunden Mädchens.

Eigenlob stimmt!

 Mit jedem Kompliment, jeder Anerkennung, die Sie ablehnen, vermindern Sie Ihr Selbstwertgefühl spürbar.

Ich kenne keine Frau, die das nicht wüsste oder ahnte. Trotzdem wehren wir Komplimente ab. Warum? Weil wir in einem klassischen Double Bind gefangen sind: Egal, wie wir es machen, wir machen es falsch. Lehnen wir Komplimente ab, würdigen wir unsere Erziehung, aber schädigen uns selbst. Akzeptieren wir Komplimente, tun wir uns etwas Gutes, versündigen uns jedoch gegen unser anerzogenes schlechtes Gewissen.
Wie lange wollen Sie noch warten, um sich von den Dogmen der Kindheit zu emanzipieren?
Die moderne Frau hat sich angeblich von der Unterdrückung durch den Mann emanzipiert. Wie schön. Wann emanzipiert sie sich endlich von Glaubenssätzen, die zehnmal schädlicher sind als der schlimmste Chauvi?

Nehmen Sie sich vor: Das nächste Kompliment, das kommt, nehme ich an. Mit einem lächelnden „Dankeschön". Rechnen Sie damit, dass Sie bei den ersten Versuchen scheitern werden. Selbst wenn Sie erst beim zehnten Anlauf nur ein klitzekleines Lob akzeptieren können – genau das ist der ersehnte Durchbruch!

Beginnen Sie auch damit, sich selbst anzuerkennen. „Das hast du gut gemacht!" Das ist ein schöner Anfang. Eigenlob stinkt aber? Da haben wir es wieder, das Dogma: Es ist falsch! Richtig ist: Eigenlob stimmt! Nur wer sich selbst anerkennen kann, bekommt ein starkes Selbstwertgefühl.
Frauen mit starkem Selbstbewusstsein loben sich dutzendfach am Tag. Weil aus dem Eigenlob mit der Zeit eine Geisteshaltung wird: Ich gehe gut mit mir um. Ich behandle mich gut. Ich tue mir selbst Gutes. Ich anerkenne mich und meine Leistungen. Nicht nur einmal am Tag. Sondern so oft, wie ich es brauche.

Fangen Sie an, sich selbst zu loben – jetzt! Was fällt Ihnen Nettes über sich ein? Bitte keine Abstrakta wie „Eigentlich bist du ein ganz netter Mensch", sondern etwas Konkretes wie: „Ich mag, wie ernsthaft du dich bei dieser Lektüre mit deinem Selbstwert beschäftigst." Huhu, fühlt sich äußerst seltsam an? Dann sind Sie auf dem richtigen Weg. Alles Gute, Neue fühlt sich erst mal ungewohnt an.

Warum wir uns nicht loben

An dieser Stelle sagen mir Frauen oft: „Ja, ich würde mich schon gern loben, aber da habe ich wirklich einen Fehler gemacht, mit jener Aufgabe bin ich zu spät dran und mein Pensum schaffe ich heute auch wieder nicht ganz. Außerdem war ich heute schon so patzig zu anderen! Wie kann ich mich da auch noch loben?!"

 Es gibt viele gute Gründe gegen Eigenlob. Und nur einen guten dafür: Weil Sie es sich wert sind!

Wenn ein Kind Sie überraschen, zum ersten Mal „etwas kochen" möchte und unbeaufsichtigt in der Küche ein Chaos anrichtet, was tun Sie? Machen Sie das Kind zur Sau wegen der Unordnung? Nie im Leben. Sie genießen die halb verkohlten Pfannkuchen, als ob es die letzten Trüffel aus dem Perigord wären. Weil sie so gut schmecken? Quatsch, weil Sie genau wissen: Wenn Sie jetzt zu schimpfen anfangen, bricht eine Kinderseele entzwei.
Wer behauptet denn, dass Sie keine Seele mehr hätten – bloß weil Sie kein Kind mehr sind? Leiden „große Mädchen" nicht wie kleine auch? Lachen, weinen, scherzen sie nicht mehr? Bluten sie nicht, wenn man sie sticht? Was Shakespeare seinem Shylock in den Mund legt, sagt er über uns alle: Wir sind Menschen. Warum zum Teufel behandeln wir uns selbst so unmenschlich?

Loben Sie sich. Selbst wenn Sie neun Fehler machen und eine Sache richtig, schenken Sie sich die verdiente Anerkennung für diesen einen Erfolg – und wenn es Sie am Anfang schier umbringt vor Überwindung!

Nicht weil dieser eine Erfolg die neun Fehler wettmachen könnte. Er kann es nicht. Sondern weil Sie es sich schuldig sind. Liebe deinen Nächsten *wie dich selbst*. Sie sind sich ein freundliches Wort *schuldig* – vor allem wenn Sie zuvor neunmal Mist gebaut haben. Larissa hat das Eigenlob perfektioniert: „Warum soll ich mich nur loben, wenn mir etwas gelungen ist? Ich lobe mich, auch wenn ich scheitere: Wenigstens habe ich es versucht und mein Bestes gegeben. Das ist doch ein Lob wert!" So spricht eine Frau, über die wir uns keine Sorgen machen müssen. Es wird ihr immer gut gehen. Sie wird immer eine starke Frau sein. Weil sie eine beste Freundin hat. Sich selbst.

Loben Sie sich! Jetzt!

Die meisten westlich erzogenen Frauen haben ein Riesenproblem damit, gut zu sich selbst zu sein. Weil sie mit Glaubenssätzen erzogen wurden wie: „Sei doch nicht so eigensüchtig!" Wenn so ein Glaubenssatz hartnäckig ist, hilft der (weibliche) Coach weiter. Oft reicht jedoch schon die Einsicht in dessen Existenz, um zum Entschluss zu gelangen: „Das war mein alter Glaubenssatz. Ab heute möchte ich glauben, dass ich es mir wert bin!"

Was glauben Sie?

Selbstbewusste Frauen denken Dinge über sich wie: „Ich bin einzigartig und wertvoll. Ich bin liebenswert und attraktiv. Meine kleinen Fehler machen meinen Reiz aus. Ich habe alles Glück der Welt verdient."

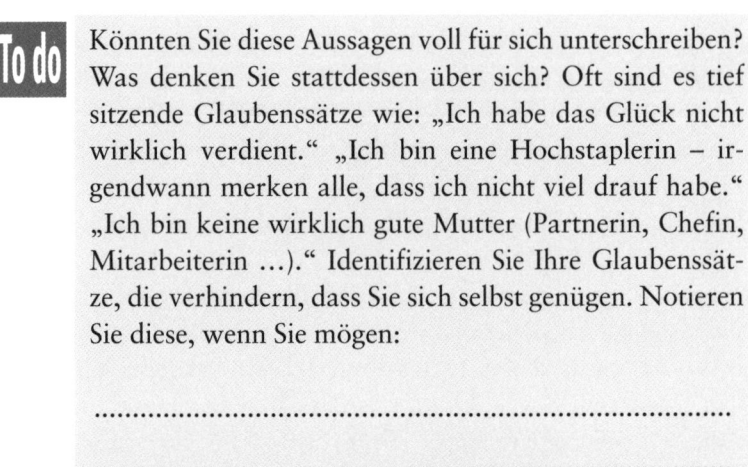 **To do** Könnten Sie diese Aussagen voll für sich unterschreiben? Was denken Sie stattdessen über sich? Oft sind es tief sitzende Glaubenssätze wie: „Ich habe das Glück nicht wirklich verdient." „Ich bin eine Hochstaplerin – irgendwann merken alle, dass ich nicht viel drauf habe." „Ich bin keine wirklich gute Mutter (Partnerin, Chefin, Mitarbeiterin ...)." Identifizieren Sie Ihre Glaubenssätze, die verhindern, dass Sie sich selbst genügen. Notieren Sie diese, wenn Sie mögen:

....

....

....

Es gibt viele Techniken, alte Glaubenssätze durch neue zu ersetzen. Da wir hier über emotionale Intelligenz reden, verwenden wir einen emotionalen Ansatz:

❑ Sie kennen Ihre selbstwertschmälernden Glaubenssätze. Picken Sie einen heraus. Was fühlen Sie dabei?
❑ Wie würden Sie sich stattdessen bei diesem spezifischen Thema fühlen wollen? Malen Sie sich dieses Gefühl in allen Details sehr stark aus. Fühlen Sie es intensiv.
❑ Wann immer der alte Glaubenssatz hochkommt – erinnern Sie sich an dieses Gefühl.

Britta zum Beispiel ist 165 cm groß und etwas rundlich. Sie hält sich für alles andere als attraktiv – seit ihrem 15. Lebensjahr. Sie hat schon 25 Diäten und 92 Style Make-Overs durchgemacht – ohne Wirkung (aufs Selbstwertgefühl!). Sie hat nie darüber nachgedacht, doch als sie es endlich tut, sagt sie: „Eigentlich möchte ich mich nicht sexy oder begehrt fühlen, sondern, hm, ich weiß nicht, ich kann das nicht ausdrücken …" Das ist immer ein gutes Zeichen: Sie soll es ja auch nicht ausdrücken, sondern fühlen. „Ach so? Ja, das sitzt hier oben im Bauch und es ist so ein rundes, warmes Gefühl, das kichert und ganz happy ist und ganz ich und wirklich super und … och, warum kann ich mich denn nicht so fühlen?" Wieso, was fühlt sie denn gerade sonst? „Was? Ach so? Das ist schon alles? Und was mach ich jetzt damit?" Fünfmal am Tag in das Gefühl hineinfühlen – und immer dann, wenn der alte Glaubenssatz wieder hochkommt. Das tut sie in der folgenden Woche. Seither denkt sie kaum mehr daran, dass sie früher mal dachte, sie sei nicht attraktiv genug. Das neu entdeckte gute Gefühl fühlt sich gut an – und hat den alten Glaubenssatz einfach sanft zur Seite geschoben.

Das Geheimnis eines starken Selbstwertgefühls

Es gibt noch einen anderen Weg zu einem gesunden, starken Selbstwertgefühl. Dieser Weg ist so genial wie einfach:

 „The essence oft self-esteem is compassion for yourself." Matthew McKay, Ph.D. („Die Grundlage eines gesunden Selbstwerts ist Mitgefühl mit dir selbst.")

Leuchtet unmittelbar ein, nicht? Wer sich selbst mitfühlend behandelt, wird nicht zulassen, dass die innere Kritikerin sie verletzt. Wer Mitgefühl mit sich selbst hat, wird sich Vorwürfe und Beleidigungen anderer nicht zu Herzen nehmen. Mitgefühl mit uns selbst ist der Schlüssel zu einem gesunden Selbstvertrauen. Leider wissen die wenigsten Menschen, wie Mitgefühl mit sich selbst funktioniert. Dabei ist das nicht so schwer. Wer sich selbst mit Mitgefühl behandelt, …

- … reagiert nicht irritiert, wenn sie was Dummes macht, sondern verständnisvoll.
- … macht sich selbst keine Vorwürfe, sondern kann sich selbst verzeihen.
- … stellt fremde Bedürfnisse nicht über die eigenen, sondern erachtet die eigenen Bedürfnisse mindestens als ebenso wichtig wie die anderer.

Verständnis – Verzeihung – Bedürfnisachtung. Meiner Erfahrung nach haben wir diese drei Disziplinen nie wirklich gelernt. Höchste Zeit, das nachzuholen.

Versuchen Sie, sich selbst zu verstehen

Sieglinde hat einem Kunden eine fehlerhafte Prozessanalyse ausgestellt. Sie ist wütend: „Wie kann mir bloß so was Dummes passieren? Warum hab ich die Analyse nicht doppelt und dreifach gecheckt, bevor ich sie an den Kunden schickte?" Ihre Wut ist verständlich. Gleichzeitig untergräbt sie ihr Selbstwertgefühl. Warum? Weil sie sich selbst nicht versteht – und Verständnislosigkeit verletzt jeden Menschen.

Gerade Ihren schlimmsten Fehlern und Gefühlen sollten Sie mit dem meisten Verständnis begegnen. Mit Verständnis meine ich: verstehen. Warum hat Sieglinde einen so dummen Fehler gemacht? „Ja, das frage ich mich auch", ärgert sich Sieglinde.

Tipp Fragen Sie nicht nur rhetorisch, fragen Sie ganz ernsthaft: Warum habe ich das gemacht?

Nach Minuten des Nachdenkens fällt es Sieglinde wieder ein: Damals war sie voll im Stress, hatte auch noch Krach mit ihrem Freund, dann noch der Ärger mit dem Klempner im Haus … „Ich war einfach zu stark abgelenkt. Unter diesen Umständen ist es schon eine Leistung, dass ich nicht einen größeren Fehler gemacht habe!"
Verständnis ist der Boden jedes gesunden Selbstwertgefühls. Bemühen Sie sich, sich selbst zu verstehen. So, wie Sie einen lieben Menschen verstehen möchten, wenn er etwas getan hat, das Ihnen im ersten Moment nicht ganz einleuchtet. Sie werden augenblicklich spüren, wie gut Ihnen das tut.

Verzeihen Sie sich selbst

Vom Verständnis zum Verzeihen ist es ein kurzer Weg.
Ohne sich selbst zu verzeihen, können Sie kein starkes Selbstwertgefühl erlangen. Es reicht nicht, zu sagen: „Jaja, schon klar, warum ich mich damals so dumm verhalten habe." Das ist kein aufrichtiges Verzeihen. Sieglinde sagt sich: „Ich war abgelenkt. Ich habe einen Fehler gemacht. Es tut mir leid. Ich verzeihe mir."
Manche Menschen beißen sich die Lippe blutig, bevor sie so etwas zu sich selbst sagen können. Doch bevor sie das nicht sagen können, brennt ihr Selbstwertgefühl weiter auf Sparflamme.

Die eigenen Bedürfnisse achten

Auch nach Verstehen und Verzeihen ist Sieglindes Selbstwertgefühl nicht wieder bei 100 Prozent angelangt. Was fehlt? Sie sagt: „Ach,

am liebsten hätte ich jetzt zwei Wochen Urlaub, um mich von dem ganzen Stress zu erholen. Aber das geht ja nicht." Warum nicht? Sieglinde macht große Augen.

 Wie können Sie erwarten, ein gesundes, blühendes Selbstvertrauen zu besitzen, wenn Sie sich Ihre eigenen Wünsche und Bedürfnisse versagen – bloß weil diese sich im Augenblick nicht verwirklichen lassen?

Im Grunde steckt das schon im Wort selbst: Selbst-Bewusstsein – das Bewusstsein seiner selbst, also auch seiner Wünsche, Träume, Bedürfnisse. Wer seine eigenen Bedürfnisse in Erfahrung bringt und sich um sie kümmert, stärkt sein Selbstwertgefühl.

Aber Sieglinde kann sich doch wirklich keine zwei Wochen Urlaub nehmen! Wer sagt denn, dass Sieglinde ein Bedürfnis nach Urlaub hat? Der Urlaub ist doch bloß ein Symbol. Was wünscht sich Sieglinde von diesem Urlaub? Erholung, Entspannung, Auftanken – das kann sie alles auch ohne Urlaub erreichen. Sie muss sich lediglich darum kümmern. Denn von allein erfüllt sich das Bedürfnis nicht.

Leider haben Frauen mit eigenen Bedürfnissen ein großes Problem. Vor allem mit der Bedürfnisartikulation.

Den Mund aufmachen

Als Sieglinde nach der Arbeit nach Hause geht und sich auf ein wenig Erholung im Garten freut, wartet schon ihr Partner auf sie, der unbedingt mit ihr zum Schwimmen gehen möchte – war so ausgemacht. Sieglinde fühlt, wie ihr mühsam erarbeitetes Selbstwertgefühl sich in Sekundenschnelle zu verflüchtigen droht: „Ich kann ihm doch keinen Korb geben. Wir hatten das doch ausgemacht!"

Je weniger Frauen ihre eigenen Bedürfnisse achten, desto kleiner wird ihr Selbstwertgefühl, desto weniger Mumm haben sie, ihre Bedürfnisse zu artikulieren, desto kleiner wird ... und so weiter. Ein Teufelskreis, der direkt in die Opferrolle führt.
„Aber ich kann ihn doch nicht vor den Kopf stoßen!", meint Sieglinde. Wer fordert das denn?

 Lernen Sie, Ihre Bedürfnisse beziehungsgerecht, aber dezidiert zu artikulieren.

Das versuchen Frauen eigentlich ständig. Auch Sieglinde. Sie glaubt, sich bei einem netten Abendessen besser erholen zu können als im Schwimmbad. Also sagt sie: „Erinnerst du dich an das kleine Restaurant in der Fußgängerzone? Schön war es da." „Jaja", sagt ihr Partner. „Komm, beeil dich, das Hallenbad schließt um sechs." Indirekte Kommunikation ist Verrat an Bedürfnissen und Selbstwertgefühl. Wenn Sie etwas möchten, sagen Sie es klar und freundlich. Zum Beispiel: „Ich hatte einen echt schlimmen Tag. Es tut mir wirklich leid, unsere Pläne derart über den Haufen zu werfen. Aber ich habe das Gefühl, ich muss mich heute Abend erholen, sonst kippe ich um. Vorschlag: Wir gehen gemeinsam schön essen oder du gehst Schwimmen und ich ins Café gegenüber." Revolutionär? Ja, so empfinden viele Frauen das, die seit Jahren ihre Bedürfnisse herunterschlucken oder durch die Blume kommunizieren. Doch wenn so eine Bedürfnisartikulation funktioniert, ist der Lohn unbeschreiblich schön. Warum holen wir uns diesen Lohn so selten? Weil eine Frau wie Sieglinde, die ihre Bedürfnisse artikulieren kann, keinen Mann abbekommt.

Starke Frauen kriegen keinen Mann

Tatsächlich mosert Sieglindes Mann, als sie nicht zum Schwimmen möchte. Nicht, weil er nicht flexibel genug für einen Planwechsel

wäre. Sondern weil er tatsächlich ein Problem mit Frauen hat, die ihre Bedürfnisse klar artikulieren. Das untergräbt seine Männlichkeit nach seinem Verständnis. Vor fünf Jahren wäre das noch ein echtes Problem für die weibliche Population der Westhemisphäre gewesen. Heute glücklicherweise nicht mehr: Welche Frau will schon auf Dauer einen Typen, der nur seine Bedürfnisse gelten lässt?

Sieglinde sagt auch ganz klar: „Entweder er kapiert, dass ich auch Bedürfnisse habe – oder ich schaue mich nach einem selbstbewussteren Partner um."

Denn das hat sich inzwischen herumgesprochen:

- Es stimmt einfach nicht, dass Männer keine starken Frauen möchten.
- Nur schwache Männer wollen keine starken Frauen.
- Und wer will schon (auf Dauer) einen schwachen Mann?
- Sobald Sie beginnen, Ihre eigenen Bedürfnisse zu artikulieren, werden Sie einen ganz anderen Typ Mann kennenlernen – und zwar reichlich Exemplare davon. Den starken, ebenbürtigen Mann, den Partner im eigentlichen Sinne.
- Echte starke Männer haben ein Riesenproblem mit schwachen Frauchen in der chronifizierten Opferrolle: Sie stehen nicht auf Mädchen. Sie wollen eine Frau.

Auf einen Blick:
Ein starkes Selbstwertgefühl

- Das beste aller Gefühle ist ein starkes Selbstwertgefühl.
- Von ihm hängen alle anderen Gefühle ab.
- Ein starkes Selbstwertgefühl kommt nicht von allein.
- Selbstvertrauen ist wie Atmen auch: Am besten ständig pflegen!

Auf einen Blick: Ein starkes Selbstwertgefühl

- Dazu gehört: Schützen Sie Ihr Selbstwertgefühl gegen Angriffe von außen.
- Per Abgrenzung und Differenzierung.
- Aber auch: Treten Sie in den Dialog mit der inneren Kritikerin. Reden Sie mit ihr.
- Nähren Sie Ihr Selbstwertgefühl ständig.
- Mit Eigenlob, Verständnis, Verzeihung, Akzeptanz.
- Ganz wichtig auch: mit der Achtung der eigenen Bedürfnisse.
- Artikulieren Sie Ihre Bedürfnisse klar und freundlich.
- Das sind Sie Ihrem Selbstwertgefühl schuldig.
- Genießen Sie Ihr neues, starkes Selbstwertgefühl.

6 Der Job muss Freude machen!

*Der Mensch bringt täglich sein Haar in Ordnung –
warum nicht auch sein Herz?*
Altindische Spruchweisheit

Emotionale Intelligenz am Arbeitsplatz

Mit diesem Kapitel erreichen wir den Punkt, an dem dieses Buch seinen geistigen Anfang nahm. Ich habe mir das alles ja nicht am grünen Tisch ausgedacht.

Wann immer ich in den letzten Jahren mit Coachees oder Seminarteilnehmerinnen über Führungskompetenz für clevere Frauen, über Körpersprache, Gehaltsgespräche, Rhetorik oder Durchsetzungsfähigkeit für Frauen sprach, immer und immer wieder gelangten die Gespräche, so unterschiedlich die Themen, Anlässe und Frauen auch waren, doch mit quälender Regelmäßigkeit an diesen einen Punkt: Frauen leiden in und an der Arbeitswelt. Emotional, seelisch, existenziell. Nicht immer. Aber so störend oft, dass die Diskussion der Leidensgeschichten in manchen Seminaren kein Ende nehmen wollte.

Arbeit – Frauen – Gefühle: ein Widerspruch in sich

Betrachten wir im Folgenden die häufigsten, eigentlich ganz alltäglichen Klagen. Mit den fünf vorausgegangenen Kapiteln haben Sie sich genügend emotionale Kompetenz erworben, um mit diesen emotionalen Beeinträchtigungen am Arbeitsplatz fertig zu werden.

Trotz männlicher Übergriffe gelassen bleiben

Beginnen wir mit dem Offensichtlichsten: Frauen werden am Arbeitsplatz immer noch benachteiligt. Lassen wir dahingestellt, ob die meisten dieser Benachteiligungen eher auf männliche Gedankenlosigkeit als auf böse Absicht zurückzuführen sind. Das ist den betroffenen Frauen meist herzlich egal. Oder wie der griechische Philosoph sagte: „Die Knaben bewerfen die Frösche im Spaß mit Steinen. Doch die Frösche sterben im Ernst." Ich habe mal einige der häufigsten Benachteiligungen eingesammelt:

- „Die Kollegen schnappen sich immer die besten Projekte weg, für die Frauen im Team bleiben die Blödjobs."
- „Den zugesagten Leistungsbonus haben fünf Mitarbeiter in der Abteilung nicht bekommen. Vier davon waren Frauen."
- „Weil ich mich vor zwei Jahren zu wenig gewehrt habe, drängen sie mich jetzt wieder dazu, einen Kunden zu übernehmen, den sonst keiner haben will."
- „Als Frau musst du morgens deine Gefühle, deine Weiblichkeit und deine Lebensfreude an der Stechuhr abgeben. Ich überlege mir ernsthaft, ob ich ein Kind bekomme und den Job hinschmeiße."
- „Wenn die Kollegen einen Kunden mit ihrer nassforschen Arroganz verärgert haben, schickt unser Chef ein Frauenteam los, um den Schaden wieder auszubügeln. ‚Wenn der Kunde zickt, schick die Weiber los', sagt man bei uns. Dazu sind wir gut genug: als Kundentröster. Als gleichberechtigte Berater werden wir nicht behandelt."
- „Ich bin seit 20 Jahren Abteilungsleiterin. Aber einige der Männer – Kunden wie Kollegen und Vorgesetzte – behandeln mich immer noch wie eine Assistentin."

So weit, so schlecht. Was wir gegen solche Benachteiligungen tun sollten, wissen wir alle nur zu genau: uns wehren, verhandeln, Laut geben, uns auf die Hinterbeine stellen, kämpfen. Die Ratschläge kennen wir alle. Was diesen Ratschlägen meist fehlt, ist die Behandlung unserer seelischen Wunden: Wie geht frau damit um, dass die Seele täglich leidet?

Mit männlichen Übergriffen umgehen

Was hilft gegen gedankenlose, verletzende Männer am Arbeitsplatz und anderswo? Sie ahnen es: ein starkes Selbstwertgefühl (s. Kapitel 5). Eine Frau mit starkem Selbstwertgefühl schnappt den voreiligen Kerlen beim nächsten Mal eines der schönen Projekte vor der Nase weg, weil sie sich das zutraut. Eine innerlich starke Frau klagt den versprochenen Leistungsbonus so lange beim Chef ein, bis dieser stöhnt und löhnt – weil sie weiß, dass sie es sich wert ist. Eine starke Frau lehnt einen Doofjob ab, auch wenn sie ihn noch vor zwei Jahren zähneknirschend akzeptiert hat. Eine starke Abteilungsleiterin sagt irgendwann klipp und klar und mit einem charmanten Lächeln: „Meine Herren, ich bin Abteilungsleiterin. Wenn Sie eine Assistentin brauchen, inserieren Sie bei den Stellenanzeigen." Eine starke Beraterin sagt zum Senior Consultant: „Okay, diesen Kunden kriege ich gleich – bevor die Jungs ihn verärgern."

Starke Frauen erleben zwar genauso viele männliche Übergriffe wie schwache Frauen – doch sie gehen anders damit um: selbstbewusster, souveräner, selbstverständlicher, direkter, emotional entspannter. Deshalb haben wir das komplette vorangegangene Kapitel diesem so wichtigen Thema gewidmet.

Starke Frauen leben besser

> Wenn Sie die übliche Benachteiligung am Arbeitsplatz stört: Bauen Sie Ihr Selbstwertgefühl auf. Wie Sie Ihre Bein-, Bauch- oder Pomuskulatur aufbauen (würden): gezielt, systematisch, regelmäßig, umfassend, programmatisch, ohne Ausreden, konsequent.

Stay with the programme!

Da dieses Aufbauprogramm aller Erfahrung nach eher Monate als Wochen in Anspruch nehmen wird: Was tun Sie in der Zwischenzeit? Das Wichtigste bei männlichen Übergriffen: Raus aus der Opferecke!

„Die sind ja so gemein zu mir!" „Als Frau bringst du es nicht weit in diesem Laden." Wenn Sie sich bei solchen typischen Opfersprüchen oder -gedanken ertappen: Sofort gedanklich die Notbremse ziehen, rechts ranfahren und sich aus der Opferrolle befreien. Das Motto muss lauten: Vergessen oder verändern!

Vergessen oder verändern

Ich bin keine Utopistin. Ich glaube nicht, dass sich am Geschlechterthema jemals etwas wesentlich ändern wird. Neulich brachte die lokale Zeitung in meiner Heimatstadt den Witz: „Was tut eine Frau im Raumschiff? – Putzen." Die hiesigen Geschäftsfrauen und Managerinnen kündigten scharenweise ihr Abo wegen dieser sexistischen Geschmacklosigkeit. Der eigentliche Clou an der Sache jedoch ist: Eine kluge Frau sollte den schlechten Witz als gute Prognose akzeptieren. Die Kerle werden sich nie ändern. Also schauen wir schleunigst, wie wir besser damit fertig werden. Beginnen wir dabei mit der schmerzhaften Erkenntnis:

> Wenn Sie unter blöden Kerlen leiden, ist der blöde Kerl zwar der externe Auslöser für das Leiden, den Sie kaum beeinflussen können. Doch die interne Ursache des Leidens können Sie beeinflussen.

Vergessen oder verändern

Wer unter Übergriffen leidet, kann etwas dagegen unternehmen – oder das Ganze einfach vergessen. Frauen, die unter der täglichen Benachteiligung leiden, tun genau das nicht. Sie bleiben in der Mitte zwischen diesen beiden Optionen stecken.

 Deshalb lautet meine Empfehlung für die Reaktion auf männliche Übergriffe kurz und klar: Don't stay in the middle! Machen Sie das eine oder das andere – aber bleiben Sie nicht in der Mitte kleben!

Entscheiden Sie sich bewusst für eine der beiden Optionen:

- Vergessen: „Okay, das ist ärgerlich. Aber über so was rege ich mich nicht mehr auf. Ich habe Wichtigeres zu tun. Vergessen wir die Sache! Schwamm drüber. Abgehakt. Ich rege mich nicht mehr über Männer und andere Nebensächlichkeiten auf." Beobachten Sie, fühlen Sie: Mit diesem Entschluss endet Ihre emotionale Belastung. Sie haken die Sache innerlich ab, lassen los – auch wenn Sie das Abhaken in den folgenden Stunden und Tagen gegebenenfalls öfter wiederholen müssen, sobald der Ärger wieder hochkommt. Bei jedem Loslassen spüren Sie: Loslassen befreit, spart unheimlich viel Kraft. **Loslassen**
- Verändern: „Das kann ich auf keinen Fall vergessen oder tolerieren. Ich werde auf jeden Fall etwas unternehmen. Was, das überlege ich mir jetzt." Auch mit diesem Entschluss endet Ihre emotionale Leidenszeit: Wer sich wehrt, fühlt sich besser, stärker. Es ist dabei völlig egal, *was* Sie unternehmen. Viel entscheidender ist, *dass* Sie was tun. Irgendwas. Sie werden spüren: Obwohl Sie etwas tun, also eigentlich Kraft verbrauchen, mobilisiert Ihr Entschluss zum Handeln jede Menge innere Kraft. **Eine Sekunde Handeln ist besser als fünf Stunden Grübeln**

Falls Sie sich für die zweite Option entscheiden: Holen Sie sich Unterstützung dafür. Aber nicht von der Person, bei der Sie sich normalerweise ausheulen. Ausheulpartner sind meist ungeeignet für das Finden konkreter Handlungsoptionen. Holen Sie sich am besten einen Maulwurf. Aber nicht von der Zoohandlung …

Jede Frau braucht einen Maulwurf

Clevere Frauen holen sich bei der Abwehr männlicher Übergriffe einen Maulwurf. Ein Maulwurf ist ein aufgeklärter Mann, den die täglichen Ungerechtigkeiten gegen Frauen (fast) genauso ankotzen wie die betroffene Frau selbst. Der Ausdruck „Maulwurf" kommt aus dem Spionage-Metier, wo er einen Agenten bezeichnet, der im feindlichen Lager arbeitet, aber für die Gegenseite spioniert.

Solche Ikonen des männlichen Geschlechts erkennen Sie an Aussprüchen wie: „Mensch, Mädel, lass dir doch nicht alles gefallen. Mach halt auch mal das Maul auf! Lass dich doch nicht für dumm verkaufen."

Maulwürfe sind zur Planung der Abwehr von männlichen Übergriffen oft besser geeignet als beste Freundinnen. Weil sie selber welche sind – Männer nämlich. Wenn Sie mit Ihrem Maulwurf reden, halten Sie sich an eine Kardinalregel:

 Hören Sie dem Mann zu. Er redet zwar wie ein Mann. Doch das heißt nicht, dass Sie erst mal alles verwerfen sollten, was er vorbringt. Geben Sie seinen Anregungen eine Chance. Passen Sie sie an Ihre Fähigkeiten an und probieren Sie sie aus.

Mit Egoisten umgehen

Ein typisches Frauenproblem. Männern gehen Egoisten und andere unangenehme Zeitgenossen bei der Arbeit und anderswo tendenziell am Senkel vorbei – vielleicht weil sie selber manchmal so egoistisch sind. Frauen dagegen können sich tierisch, ausdauernd und bis die Grenzen der gesundheitlichen Schädigung über unsozial denkende und handelnde Mitmenschen aufregen. Das geht oft so weit, dass ihnen ein Egoist den ganzen Spaß an der Arbeit vermiest. Was tun?

 Nehmen Sie Abschied. Nämlich von der verborgenen Absicht, auch noch vom miesesten Typen gemocht zu werden.

Das Verrückte an Egoisten ist, dass sie uns nicht deshalb auf den Senkel gehen, weil sie so egoistisch sind, sondern weil wir auch von ihnen noch gemocht werden wollen, auch mit ihnen eine harmonische Beziehung unterhalten wollen – und an diesem a priori aussichtslosen Vorhaben permanent scheitern. Egoisten sind Egoisten! Die sind nicht an einer guten Beziehung, die sind bloß an sich interessiert! Hören Sie auf, everybody's Darling sein zu wollen!
Sagen Sie sich: „Ignoranten ignoriere ich ab sofort. Ich muss nicht von diesem Kerl gemocht werden. Blöde Leute gibt's überall. Ich halte mich lieber an die guten Menschen."
Das wissen wir alle längst. Trotzdem sagen wir es uns nicht oft genug. Warum nicht? Weil wir alle Krankenschwestern sind.

Das Krankenschwestersyndrom

Warum bemühen wir uns oft noch um den schlimmsten Kotzbrocken, leiden emotional unter seinen Unflätigkeiten, lassen aber trotzdem nicht von ihm ab? Weil Frauen tendenziell am Helfersyn-

drom leiden. Wir denken: „Nicht nachlassen! Dranbleiben! Den kriegen wir auch noch umgebogen!" Viele Ehen und Partnerschaften sind auf diesem hoffungslosen Prinzip aufgebaut, das für anhaltendes seelisches Leiden sorgt (übrigens beiderseits: Kotzbrocken ändern sich ungern). Was hilft dagegen?

 Gegen das Krankenschwestersyndrom (nichts gegen die pflegenden Berufe!) hilft nur eines: Achtsamkeit!

Ein ehernes EQ-Prinzip: Wenn Sie nicht merken, dass Sie gerade auf dem Affekttrip sind, kommen Sie nie davon runter. Hoffnung besteht dagegen für Sie, wenn Sie bewusst wahrnehmen, was in jedem Augenblick emotional mit Ihnen geschieht und sich zum Beispiel sagen können:

- „Ich weiß, welcher Film hier abläuft!"
- „Ich projiziere mal wieder meinen Wunsch, Zuneigung von einem distanzierten Vater zu bekommen, auf ein völlig ungeeignetes Subjekt."
- „Warum suche ich Harmonie und Verständnis ausgerechnet bei solchen Typen?"
- „Ist das gesund, was ich gerade tue? Bringt mich das weiter? Möchte ich das fühlen, was ich gerade fühle?"

Alles emotionale Leiden entsteht nicht durch äußere Anlässe, sondern durch das Unvermögen, angemessen mit den eigenen Gefühlen umzugehen. Angemessener Umgang mit Emotionen ist keine Atomphysik. Im Grunde reichen:

Achtsamkeit ist besser, als auf den Affekttrip zu geraten

- Achtsamkeit: Was fühle ich gerade? Was denke ich? Zum Beispiel: „Ich will unbedingt die Zuneigung dieses Kotzbrockens, ich leide unter seinem abweisenden Verhalten."

- Achtsamkeit auch gegenüber den Folgegefühlen: „Aha, jetzt ärgere ich mich darüber, dass ich so blöd bin, mal wieder von so einem Typen gemocht werden zu wollen!"
- Verständnis gegenüber den eigenen Gefühlen – statt Zorn und Vorwürfen: „Es ist blöd, es ist ärgerlich, aber es ist menschlich. Ich bin ein Mensch. Ich darf solche Gefühle haben – egal, was mein schlechtes Gewissen auch sagt."

Verständnis ist besser, als sich über sich selbst zu ärgern

 Eine Seminarteilnehmerin erzählt: „Ich möchte immer noch von jedem Depp geliebt werden. Diese Sehnsucht ist noch in mir. Doch inzwischen kann ich mit ihr leben, weil ich mich mit ihr auseinandersetze. Ich unterhalte mich mit ihr. Wir tauschen uns aus. Damit geht es uns beiden besser."

Sich durchsetzen ohne Härte

Ein typisch weibliches Problem. Männer haben davon noch nie etwas gehört. Sie haben eher das diametral entgegengesetzte Problem: Sie haben Angst, zu weich zu wirken und nicht hart, tough, unerbittlich, macho- und chauvihaft genug aufzutreten, kein „ganzer Kerl" zu sein.

Frauen sind doppelt betrogen: Sie trauen sich (am Arbeitsplatz!) weniger zu als Männer, und tun sie es doch, wird ihnen nicht (wie Männern) Durchsetzungsfähigkeit zugeschrieben, sondern Aggression, Zickigkeit, Arroganz oder sexuelle Hintergedanken. Jacqueline ist im Coaching den Tränen nahe: „Was soll ich denn tun? Noch scheißfreundlicher sein? Ich verbiege mich ja jetzt schon so, dass ich Bauchweh kriege!"

Was besser hilft: Reframing (s. Kapitel 1). Standardreframing Durchsetzungsfähigkeit: „Ich muss nicht über Leichen gehen – aber über Leichtverletzte schon, wenn's sein muss."

Jacqueline lässt sich öfter von Kollegen überfahren. Öfter als ihr lieb ist. Sie ist seit Monaten wütend darüber. Wütend auf sich, dass sie das mit sich machen lässt. Nach drei Coachingsitzungen ist sie so weit, dass sie sich beim nächsten Anlass auf die Hinterbeine stellt und dem Kollegen Matze einen Wunsch abschlägt, der nun wirklich nicht in ihr Arbeitsgebiet fällt. Erstes emotionales Problem gelöst: Sie hat sich überwunden, ihren ganzen Mut zusammengekratzt, hat ihre Frau gestanden, etwas getan, was Frauen im Beruf schwerer fällt als im Privatleben: Sie hat sich durchgesetzt. Überglücklich läuft sie über den Gang zu ihrer besten Arbeitskollegin, kommt dabei an der Kaffeeküche vorbei und hört im Vorübereilen, wie Matze zu Wieland sagt: „Das glaubst du nicht! Diese dumme Büchse Jacqueline hat mich eben blöd angemacht! Ich fasse es nicht! Was bildet die dämliche Schnepfe sich eigentlich ein?" Jacqueline bekommt fast einen Herzinfarkt. Sie ist eben dem zweiten, typisch weiblichen EQ-Problem beim Durchsetzen begegnet.

STOP Natürlich hilft es nicht, noch freundlicher zu sein, wenn frau sich durchsetzen möchte – um zu verhindern, dass schlecht über sie geredet wird. Also versuchen Sie es gleich gar nicht.

Mit diesem Reframing habe ich in Coaching und Training die besten Erfahrungen gemacht: Frauen verstehen es, akzeptieren es, finden es prima und können es aus dem Stand einsetzen. Jacqueline zum Beispiel sagt: „Okay, dann bin ich für Matze eben die nächsten drei Tage eine blöde Schnepfe. Immer noch besser als seine Hausklavin, die ihm weiter jeden hirnrissigen Wunsch erfüllt und dafür noch nicht mal einen Dank bekommt!" That's the spirit, girl!

Wenn Sie sich durchsetzen wollen, …

- … rechnen Sie damit, dass der Gesprächspartner Sie nicht unbedingt dafür lieben wird.
- … reden Sie sich oder dem anderen das auch nicht schön à la: „Och, so schlimm ist das doch auch nicht!"
- … sagen Sie sich: Noch nie hat ein Mann die Befürchtung geäußert, dass er zu hart rüberkommt, wenn er sich durchsetzt – also warum sollte eine Frau das befürchten?
- … sagen Sie sich außerdem: Wenn ich mich beim Durchsetzen bemühe, die Interessen des Gesprächspartners so weit wie nur eben möglich zu wahren und freundlich zu bleiben – dann kann ich faktisch überhaupt nicht zu hart sein!
- … freuen Sie sich über jeden Mann, der Ihre Integrität respektiert – das ist nämlich ein echter Kerl, ein selbstbewusster Mann. Die anderen können Sie ignorieren. Nur schwache Männer haben Probleme mit starken Frauen – und wer interessiert sich schon für schwache Männer?

„Wenn's dir nichts ausmacht, könntest du vielleicht mal … aber so wichtig ist das auch nicht." Damit wirken Sie sicher nicht zu hart. Aber damit setzen Sie sich auch nicht durch. Besser ist: Sich durchsetzen und auch mal dafür einen schiefen Blick kassieren. Das kann eine moderne Frau ab. Denn der Lohn ist sehr attraktiv: Wer sich durchsetzt, wird eher respektiert.

Zufrieden sein mit der Arbeit

Der weibliche EQ-Klassiker schlechthin: Unzufriedenheit. Sie hat nichts mit dem Job zu tun. Ich kenne genauso viele Akademikerinnen wie Verkäuferinnen oder Krankenschwestern, die mit ihrem Job unzufrieden sind. Unter Frauen ist die Unzufriedenheit mit der Arbeit eine Art emotionale Epidemie. Immer wieder sagen mir Personalerinnen: „Zwischen 25 und 35 gibt es bei uns ein richtiges

Frauensterben. In manchen Abteilungen gehen bis zur Hälfte der Frauen in Mutterschaft oder schmeißen ganz hin. Und in allen Drop-out-Gesprächen dominiert ein Motiv: latente oder offene Unzufriedenheit mit der Arbeit." Manche Frauen schaffen es, 30 Jahre lang unzufrieden mit ihrer Arbeit zu sein (dasselbe Phänomen gibt es übrigens mit Beziehungspartnern, Wohnungen oder Kindern). Gibt es Hoffnung?

Ja – sofern und soweit es Ihnen gelingt, erst einmal von den üblichen Holzwegen herunterzukommen. Hören Sie auf, …

- … über einen Jobwechsel nachzudenken. Das sollte nicht Ihr erster, sondern Ihr letzter Gedanke sein.
- … regelmäßig die Jobs zu wechseln – nur um festzustellen, dass Sie nach einiger Zeit im neuen Job genauso unzufrieden sind wie im alten (gilt übrigens auch für Beziehungspartner, Wohnungen, Kinder, Hunde …).
- … sich über das zu beschweren, was Sie unzufrieden im Job macht. Aufzuzählen, was Sie unzufrieden macht, macht Sie nicht zufriedener!
- … sich bei der besten Freundin auszuheulen. Das erleichtert zwar kurzfristig, verhindert jedoch mittelfristig nicht, bald wieder unzufrieden mit der Arbeit zu sein.
- … die Schuld auf andere oder die Umstände zu schieben: Wenn der Chef doch bloß ein wenig netter wäre! Wenn die Kollegen doch bloß ein wenig kollegialer wären!
- … sich mit neuen, interessanten Aufgaben und Projekten zu überladen. Das macht gestresster, nicht unbedingt zufriedener.
- … Ihre Suche nach Zufriedenheit auf den Freizeitbereich zu verlagern: Sie haben ein Recht darauf, auch mit Ihrer Arbeit glücklich zu sein.
- … die männliche Propaganda zu schlucken: „Dienst ist Dienst und Schnaps ist Schnaps." Nein: Es ist sehr wohl möglich, Zufriedenheit am Arbeitsplatz zu erreichen.

Wie denn? Zum Beispiel so:

Fragen Sie sich: Was würde mich zufriedener machen? Wie kann ich das erreichen? Welche Hindernisse muss ich dabei überwinden? Wer kann mir dabei helfen? Wann fange ich an? Womit?

Wir wissen meist sehr genau, was uns unzufrieden macht. Was uns zufrieden macht, wissen wir dagegen selten auf Anhieb. Dies gilt es herauszufinden. Hilfreich dabei ist die Suche nach Ausnahmen.

Die Suche nach Ausnahmen

Coaching ist ein sehr paradoxer Prozess. Oft kommen Frauen zu mir, die kein einziges gutes Haar an ihrer Arbeit lassen. Eigentlich spricht alles für einen raschen Jobwechsel. Doch ich frage erst einmal: „Was macht denn trotzdem noch halbwegs Spaß an Ihrer derzeitigen Arbeit?" Die erste Antwort ist natürlich: „Nichts! Deshalb bin ich ja hier!" Dann bohre ich geduldig nach. Spätestens nach fünf Minuten finden selbst Menschen, die eben noch kein gutes Haar an ihrer Arbeit fanden, überraschend viele Aufgaben und Tätigkeiten in ihrem aktuellen Job, die sie zufrieden stellen. Etliche sagen: „Die Arbeit ist rundherum und hundertprozentig blöd. Einzig wenn ich ... mache, habe ich noch Spaß." Das sind die berühmten Ausnahmen.

Viele Menschen achten die Ausnahme gering. Sie denken, sie sei einfach nur – eben eine Ausnahme. Dabei birgt die Ausnahme ein wunderbares Geheimnis: Sie weist den Weg aus der Sackgasse der Unzufriedenheit.

Nehmen Sie es ruhig wörtlich: Seien Sie ausnahmsweise glücklich! Suchen Sie das Glück in den Ausnahmen!

Sie möchten zufriedener sein im Job?

- ❏ Suchen Sie nach den Ausnahmefällen, in denen Sie zufrieden waren.
- ❏ Versuchen Sie, mehr von diesen Ausnahmen zu bekommen.
- ❏ Überlegen Sie, was genau die Ausnahmen zu Ausnahmen macht.
- ❏ Versuchen Sie, diese Qualitätsmerkmale auch auf andere Tätigkeiten zu übertragen, diese sozusagen auch zu Ausnahmen zu machen.

Denise zum Beispiel hasst ihren Job geradezu – sie ist Controllerin. Wohl fühlt sie sich eigentlich nur in Besprechungen mit den Entwicklern. „Was soll ich denn machen?", fragt sie genervt. „Ich kann doch nicht auf Entwicklung umschulen – dazu muss man studieren!" Das ist typischer Unfug. Das spricht von wenig emotionaler Intelligenz. Etwas intelligenter geht die Mentorin von Denise die Sache an: „Sie sind ein sehr lebhafter Mensch. Ich tippe mal, dass nicht die Entwicklung per se Sie fasziniert, sondern der fachlich anregende Austausch mit interessanten Kollegen, richtig?" Denise nickt begeistert – und meldet sich künftig für alle Besprechungen, welche die Querschnittsfunktion Controlling mit den Fachabteilungen zu führen hat. Sie macht damit sich glücklich – und ihre Kollegen. Denn die sind (typisch Controller) eher introvertiert, hassen Besprechungen und sind heilfroh, dass Denise sie ihnen abnimmt.

Erst wenn Sie mit allen möglichen Ausnahmen gearbeitet haben und immer noch unzufrieden sind, sollten Sie über einen Jobwechsel nachdenken.

Wagen Sie, glücklich zu sein!

Ich stelle immer wieder fest, dass fast alle Frauen die Instrumente der emotionalen Intelligenz kennen oder spontan einleuchtend finden. So auch die Suche nach den Ausnahmen (die auf Steve de Shazer, den berühmten Kurzzeittherapeuten, zurückgeht). Wenn jedoch neun von zehn Frauen die Suche nach den Ausnahmen als guten Weg zu Zufriedenheit und Glück erkennen, gehen nur zwei von zehn Frauen diesen guten Weg tatsächlich.

Wissen bedeutet nicht zwangsläufig, zu handeln

Immer wieder stelle ich ein rätselhaftes Festkleben, Festhalten an Unglück und Unzufriedenheit fest. Es ist gerade so, als ob viele Frauen sagen würden: „Ich wäre schon gern glücklich, weiß auch, was dazu nötig ist – aber wenn ich's mir recht überlege – bin ich lieber unzufrieden!" Total unlogisch?

Nein, total psychologisch. Menschen ziehen tatsächlich tendenziell das bekannte Übel der unbekannten Wohltat vor. Weil Menschen evolutorisch auf Konstanz, auf Kontinuität festgelegt sind – nicht auf Glück und Zufriedenheit.

Deshalb berichten mir auch so viele Frauen: „Ich wusste schon lange, dass ich was ändern muss. Ich freute mich auch schon darauf – aber andererseits hatte ich große Angst davor, etwas zu verändern, mich dem Widerspruch auszusetzen. Obwohl ich wusste, dass es das Richtige für mich ist." Das ist ein großes Paradoxon der emotionalen Intelligenz:

> Vor den Veränderungen, die am wichtigsten und besten für uns sind, haben wir oft am meisten Angst, sehen gleich ganze Listen von Einwänden vor unserem geistigen Auge.

Was hilft, diese Angst zu überwinden? Die Einsicht in einen jahrhundertealten menschlichen Irrtum: Wir denken immer, Zufriedenheit und Glück überraschen uns wie ein Sechser im Lotto. Der Märchenprinz reitet heran und plötzlich ist alles Friede,

Freude, Eierkuchen. Auch deshalb warten die meisten Menschen ein ganzes Leben lang vergebens auf das Glück. Sie warten auf etwas, das es in dieser Form nur sehr selten gibt. Der Märchenprinz ist die Ausnahme, nicht die Regel. Die Regel lautet: Die für Ihr Leben wichtigsten und besten Entscheidungen machen am meisten Angst, Kummer und Sorge.

Was hilft über diese Angst hinweg? Das Einzige, was hilft, ist guter, altmodischer Mut. Mut zum Glück. Mut zur eigenen Zufriedenheit. Niemand wird vom Glück „belohnt", Zufriedenheit kommt nicht über Nacht zu uns. Wir müssen vielmehr unseren ganzen Mut zusammennehmen und jeden Tag aufs Neue um Zufriedenheit und Glück zu kämpfen.

Senta zum Beispiel sagt: „Ich weiß noch genau den Tag, an dem ich beschloss: Ab sofort sind nicht mehr die Leistungsziele und die Kunden und der Chef und die Kollegen für mich das Wichtigste auf der Welt, sondern meine eigene Zufriedenheit bei der Arbeit. Ich fühlte mich, als ob ich Hochverrat an Kunden, Chef und Kollegen begehen würde, hatte ein furchtbar schlechtes Gewissen. Doch gleichzeitig spürte ich: Wenn ich mich nicht an die erste Stelle stelle, dann gehe ich hier seelisch vor die Hunde."

Atmosphärische Störungen

Das Abteilungsklima, die Arbeitsatmosphäre ist für Frauen ein sehr wichtiger emotionaler Faktor. Männern dagegen stehen dem Arbeitsklima wesentlich gleichgültiger gegenüber.

Deshalb leiden Frauen – für Männer oft unverständlich – schwer daran, wenn der Bürosegen schiefhängt. Sie spüren das geradezu körperlich. Dieses Leiden am vergifteten Klima und die häufige Unfähigkeit, etwas dagegen zu tun, belasten Frauen in der Regel

Atmosphärische Störungen

mehr als ihre eigentliche Sachaufgabe. Was tun? Zunächst einmal:

STOP Hören Sie auf, sich für das Arbeitsklima zu verausgaben, bevor Sie ein paar entscheidende Fragen beantwortet haben!

- Liegt's überhaupt an mir?
- Oder an den Kollegen?
- An unseren Arbeitsbedingungen?
- An den Eskapaden des Topmanagements?
- An querschießenden Kunden?
- An aktuellen Sachproblemen?
- Am Chef?
- Am Markt?

STOP Frauen denken oft spontan und unreflektiert, dass ein gutes Betriebsklima immer und allezeit an ihnen liege. Das ist ein Denkfehler. Hören Sie auf, sich für Dinge verantwortlich zu fühlen, für die Sie nichts können! Es ist nur sinnvoll, Verantwortung für Dinge zu übernehmen, die frau tatsächlich ändern kann.

Ändern Sie, was an Ihnen liegt. Aber versuchen Sie nicht zu verändern, was Sie nicht ändern können. Wenn das Topmanagement das Betriebsklima versaut, dann können Sie als kleines Licht dagegen nichts ausrichten. Frau tut, was frau kann – auch fürs Arbeitsklima. Aber wenn das nicht ausreicht, heißt die Devise: Aushalten und wegstecken.

Zurückhaltung überwinden

Auch ein Klassiker. Einmal die Woche höre ich die Story: „Ein Projekt/eine Position/ein Auftrag/Kunde wird vergeben. Der kompetenteste Mitarbeiter dafür ist eine Frau. Die meldet sich aber nicht bei der Vergabe, sondern ein Kollege, der geradezu birst vor Eilfertigkeit, aber im Vergleich zur Frau keinen blassen Schimmer von der Materie hat. Raten Sie mal, wer den Zuschlag bekommt!" Frauen sind inzwischen statistisch betrachtet deutlich kompetenter als Männer. Doch sie bekommen immer noch nicht, was ihnen zusteht, weil sie immer noch viel zu zurückhaltend sind, während Männer immer noch extrem vorlaut sind.

> **STOP** Jede Frau weiß, in welchen Situationen sie mehr Zurückhaltung übt, als ihr guttut. Fangen Sie aber nicht in diesen Situationen mit der Aufgabe Ihrer Zurückhaltung an! Das überfordert Sie in der Regel.

Beginnen Sie unverfänglich. Üben Sie im Kleinen, bei belanglosen Dingen, mit guten Kollegen: Gehen Sie aus sich raus! In jeder Form.
Lernen Sie, sich zu überwinden, die Zurückhaltung aufzugeben:

- Erzählen Sie einen Witz, ruhig auch mal einen zweideutigen.
- Sagen Sie unverblümt Ihre Meinung.
- Schimpfen Sie, ohne ein Blatt vor den Mund zu nehmen.
- Tun Sie etwas, das Sie schon lange tun wollten.
- Versuchen Sie, den verdeckten Glaubenssatz hinter Ihrer Zurückhaltung herauszufinden. Warum sind Sie so zurückhaltend? Was befürchten Sie insgeheim? Wovor schützt Sie Ihre Zurückhaltung?
- Würdigen Sie diese versteckte Absicht Ihrer Zurückhaltung.
- Überdenken Sie Ihre Zurückhaltung vor dem Hintergrund der neu gewonnenen Erkenntnisse.

❏ Belohnen Sie sich für jedes, auch das kleinste Aufgeben Ihrer Zurückhaltung.
❏ Genießen Sie das gute Gefühl, mit dem Sie dafür belohnt werden.

Alana zum Beispiel hält sich bei den Budgetverhandlungen im Team immer vornehm zurück. Lange wusste sie nicht, warum. Eines Tages nimmt sie sich die Zeit, darüber nachzudenken. Warum ist sie so zurückhaltend? Weil sie insgeheim von den Kollegen erwartet, dass diese von sich aus etwas von ihren Budgets abgeben, wenn sie sehen, mit welchen Restriktionen Alana bei ihren Projekten zu kämpfen hat. Natürlich ist diese Erwartung total irrational – doch eben auch unterbewusst. Alana würdigt sie: „Ich würde wohl gern in einem Unternehmen arbeiten, in dem jeder jedem hilft." Als sie diese versteckte Absicht erkennt, kann sie auch ihre Zurückhaltung aufgeben: „Wir sind eben noch nicht so weit, dass jeder jedem hilft. Also sollte ich schauen, dass ich nicht zu kurz komme – und trotzdem den anderen, wo möglich, helfen."

Reibereien besser ertragen

Da ist sie, die berüchtigte weibliche Harmoniesucht, die Konfliktschwäche. Immer wieder höre ich: „Wenn es Krach im Team gibt, belastet mich das tagelang emotional." Was können Sie tun?
Auf jeden Fall den üblichen Holzweg vermeiden, auf den Sie bestimmt jede Menge guter Freunde und Kollegen locken wollen: „Nun nimm dir das doch nicht jedes Mal so zu Herzen!" Das ist wie die berühmte Aufforderung: „Schatz, nun sei doch endlich mal spontaner!" Das haut nicht hin. Denn wenn das hinhauen würde, hätten Sie das Problem nicht: Sich ein dickeres Fell wachsen zu

lassen haben Sie sich sicher selbst schon ein Dutzend Mal gesagt. Das hilft nicht. Was dann?
Paradoxe Intervention: Preisen Sie, was Sie stört! Loben Sie sich für das, wofür Sie sich bislang getadelt haben. Zum Beispiel so:

- „Mir ist das Teamklima eben so wichtig, dass es mich tagelang beschäftigt."
- „Ich bin ein sehr emotionaler Mensch, der tief und intensiv empfindet."
- „Jeder Mann würde mich um so eine Gefühlstiefe beneiden."
- „Mein Leben ist wie ein Hollywood-Spektakel: voller Gefühlsstürme!"
- „Es ist mir nicht egal, wie die Stimmung im Team ist – und das ist gut so."
- „Dass ich so sehr daran leide, heißt, dass ich ein mitfühlender Mensch bin – und davon braucht die Welt jeden, den sie kriegen kann!"

Ihnen würde so etwas nie einfallen? Sehen Sie, da liegt das Problem: Sie haben ein Gefühl, aber es fällt Ihnen nicht unbedingt immer ein, was Sie damit anstellen können (außer es zu fühlen).

Es reicht nicht, Gefühle zu haben. Wir müssen auch mit ihnen umgehen, arbeiten, uns mit ihnen in angemessener Weise auseinandersetzen, in Zwiesprache mit ihnen treten, sie weiterentwickeln können.

Zum Beispiel indem wir ihnen das Gegenteil unserer bisherigen Gefühlsinterpretation gegenüberstellen. Statt „Mich regt jeder kleine Krach im Team auf – was ist bloß los mit mir?" dann zum Beispiel: „Schön, dass ich so feine Antennen habe und so mitfühlend bin. Es ist sicher angenehm für andere, mit mir zusammenzuarbeiten."
In einem Seminar stellte eine Teilnehmerin dazu eine interessante Frage: „Das Gegenteil gegenüberstellen – funktioniert das auch mit

positiven Gefühlen?" Ich wollte spontan fragen, warum um Himmels willen sie positiven Gefühlen eine gegenteilige Gefühlsinterpretation gegenüberstellen wolle – da fiel mir ein: Wenn wir uns unklug verlieben, vom Kaufrausch mitgerissen wieder mehr einkaufen, als gut für uns ist, jemandem grob übers Maul fahren, weil wir es besser zu wissen glauben – da stecken lauter eigentlich positive Gefühle dahinter, die mit uns durchgehen. Da wäre es gut, wenn wir nicht interpretieren würden: „Toll, diese Schuhe wollte ich schon lange!", sondern vielleicht: „Die sehen wirklich gut aus – aber heißt das automatisch, dass ich sie kaufen muss?"

 Mit Gefühlen umgehen können impliziert auch, dass wir wissen, wann wir mit ihnen aktiv umgehen sollten – und wann wir sie einfach nur fühlen sollten.

Zum klugen Umgang mit leidvollen Gefühlen bei Teamkonflikten zählt auch das Reframing (s. Kapitel 1), das Anders-Definieren dieser Gefühle:

- „Konflikte gehören zum menschlichen Dasein wie die Bohne zum Kaffee."
- „So ein Gewitter reinigt auch die Luft."
- „Es wird gestritten, aber keiner wird wirklich böse verletzt."

Auf solche Gedanken kommen Sie aber nicht, wenn es in der Abteilung mal wieder kracht und Sie tagelang geduckt durch die Gänge schleichen? Natürlich nicht! Darin besteht doch gerade das Wesen der emotionalen Intelligenz:

 Warten Sie nicht, bis die richtige EQ-Intervention sozusagen über Sie kommt, Ihnen in den Schoß fällt. Suchen Sie vielmehr aktiv nach Wegen, angemessen mit Ihren Gefühlen umzugehen!

Stefanie zum Beispiel sagt: „Früher bin ich ganz in meinen Gefühlen aufgegangen. Heute frage ich mich immer mal wieder: Was fühle ich gerade? Und was möchte ich mit diesen Gefühlen anfangen?"

Natürlich, Kräche im Team werden Ihnen auch künftig an die Nieren gehen – doch bedeutend weniger, wenn Sie dabei aktiv mit und an Ihren Gefühlen arbeiten.

Chronische Selbstüberforderung

Falsches Buch? Ist das nicht ein Problem des Selfmanagements, der Eigenorganisation? Sicher. Beide Disziplinen versuchen seit Jahrzehnten, das Problem zu lösen. Manchmal erweist es sich jedoch als lösungsresistent. Weil es in seiner hartnäckigen, verschärften Form kein Management- und kein Organisationsproblem ist, sondern ein emotionales.

 Wenn Sie eine lästige Angewohnheit nicht loswerden können, steckt immer eine emotionale Verstrickung dahinter. Arbeitstechnik, Organisation und Management helfen da nicht weiter.

Was steckt hinter der Tendenz, sich selbst zu überfordern? Richtig geraten: Frau kann nicht Nein sagen. Weder zu äußeren noch zu inneren Erwartungen, die an sie herangetragen werden. Es erheben sich einige Fragen – und diese haben durchaus therapeutischen Wert:

❏ Wie gehe ich eigentlich mit mir um?
❏ Wie schlecht muss es mir gehen, bevor ich mich selbst ernst nehme?
❏ Wem will ich was beweisen?
❏ Warum schätze ich mich so wenig selbst?

Chronische Selbstüberforderung **145**

- Warum stelle ich fremde Erwartungen ständig über mein eigenes Wohl?
- Wenn ich schon nicht hundertprozentig vernünftig mit meiner Arbeitsbelastung umgehen kann, dann vielleicht 60-, 70- oder 80-prozentig?
- Warum kann ich nicht Nein sagen? Was bekomme ich für mein Ja? Was würde mir bei einem Nein fehlen?
- Gegen welchen inneren Antreiber muss ich verstoßen, damit ich mir innerlich die Erlaubnis geben kann, mir weniger aufzuhalsen?

Diese Fragen helfen, die chronische Selbstüberforderung zu reduzieren, weil sie den unbewussten Prozess der Überforderung bewusst machen und ihn damit größtenteils seiner Wirkung berauben.

Gewiss, es ist schwirig und langwierig, sich eine Tendenz zur Überforderung abzugewöhnen. Doch ich sehe täglich: Frauen, die nicht nur unter der Überforderung leiden, sondern auch daran arbeiten, schaffen es immer.

 Emotionale Intelligenz ist sehr gerecht: Wer mit seinen Gefühlen arbeitet – und sei es noch so inkompetent und inkonsistent –, wird immer belohnt.

Am Beispiel der Selbstüberforderung hatten Sie womöglich die Gelegenheit, ein besonders interessantes Phänomen emotionaler Intelligenz zu studieren – ein EQ-Paradoxon: Wenn es falsch ist, warum fühlt es sich so gut an?

Wir alle wissen, dass Überforderung schlecht für uns ist. Wir wissen, dass sie uns schadet: unserer Gesundheit, unserem Seelenheil, unserer Beziehung, den Kindern sowieso, unserer Arbeitsqualität, den Beziehungen zu den Auftraggebern …

Die Frage ist bloß: Wenn Überforderung schlecht ist, warum fühlt es sich dann so gut an, fünf Dinge gleichzeitig zu tun, sich bis zur

Erschöpfung zu verausgaben, jederzeit für jeden da zu sein? Oder anders formuliert:

 Dass etwas sich gut anfühlt, heißt noch lange nicht, dass es auch gut für Sie ist!

Larissa weiß das: „Ich war ein schlimmer Workaholic. Die Arbeit, die Kinder, der Mann, das Haus, meine vielen Ehrenämter. Ich ruinierte alles mit meiner chronischen Überforderung. Aber ich kam nicht weg davon. Die Angst, zu enttäuschen, war zu groß. Wenn ich mal wirklich Nein sagte, bekam ich fast einen Panikanfall vor lauter Angst vor Zurückweisung." Überforderung war ihr Schutz vor dieser Angst.

Seit sie das weiß, kann sie auch mal Nein sagen – und die Angst vor Zurückweisung ertragen.

Dass sich etwas Falsches richtig anfühlt, hat nichts zu sagen: Denken Sie gründlich darüber nach, dann löst sich das Paradoxon bald zu Ihrem Besten auf.

Das Bedürfnis nach Harmonie

Hier ist es wieder, das übersteigerte weibliche Harmoniebedürfnis:

- Wir sagen Ja, obwohl wir Nein sagen wollen/sollten.
- Wir drücken die schlechte Nachricht so verklausuliert und indirekt aus, dass der Adressat nicht mitbekommt, was Sache ist.
- Wir machen eine unangenehme Aufgabe lieber selbst, anstatt sie einem anderen aufzutragen.

Viele Frauen leiden lieber selber, als jemand anderen leiden zu sehen. Das ist großherzig und nächstenliebend, kann aber mit der Zeit ganz schön belastend werden und vor allem das Urteil einbringen:

„Typisch Frau – nicht tough enough for business!" Was hilft? Sie kennen die Antwort inzwischen: Das hängt davon ab.

Bei den meisten emotionalen Herausforderungen gilt: Sie sind hoch individuell. Selbst wenn zwei Frauen dasselbe Problem haben, kann es sein, dass sie trotzdem zwei ganz unterschiedliche Lösungen dafür benötigen und finden.

Wer unangenehme Nachrichten nicht weitergibt, kann sich zum Beispiel einerseits vor Zurückweisung fürchten, aber auch andererseits unter der Illusion leiden, vorhersagen zu können, wie sehr die unangenehme Nachricht dem Empfänger unangenehm erscheint.

Was auch immer Sie von einem erwünschten Verhalten abhalten mag – finden Sie heraus, welches Gefühl es ist. Wenn Sie das Gefühl erst einmal identifiziert und benannt haben, können Sie das emotionale Problem auch lösen.

> **z.B.** Traudel zum Beispiel sagt: „Ich habe so gut wie nie delegiert, obwohl ich die Delegationstechniken rückwärts und vorwärts aufsagen konnte. Irgendwann kam ich dahinter, dass es an meiner Angst lag, als faul zu gelten, wenn ich zu viel delegiere. Seit ich diese Angst kenne, kann ich besser mit ihr umgehen und mehr delegieren."
>
> Viola hatte dasselbe Problem, aber eine andere Ursache/Lösung dafür: „Ich habe immer viel zu wenig delegiert, weil ich meine Mitarbeiter nicht überfordern wollte. Als ich das endlich ganz bewusst reflektierte, anstatt unbewusst ständig darauf hereinzufallen, war mein erster Gedanke: Aber wer sagt dir denn, dass du sie mit deinem Verhalten nicht *unterforderst*? Seither wäge ich vor jeder Delegation ganz rational ab, was wer gerade noch schaffen kann, anstatt pauschal auf meine Angst vor Überforderung hereinzufallen."

Kritik üben, ohne zu verletzen

Auch das ist ein weiblicher EQ-Klassiker; die berühmte Kritikschwäche. Viele Frauen verzichten auf absolut nötiges negatives Feedback (Kritik), nur um andere Menschen nicht zu verprellen und gegen sich aufzubringen. Viele sagen: „Ich möchte kritisieren, aber dabei immer noch nett wirken." Hört sich vernünftig an, ist aber verräterisch:

 Kleine Gewissensfrage zwischendurch: Wollen Sie am Arbeitsplatz „nett" wirken – oder lieber respektiert werden?

Eine rhetorische Frage. Natürlich können Sie sich nach Kräften bemühen, Kritik nach allen Regeln des Feedbackgebens mit Ich- statt Du-Botschaften, mit sachlichen Formulierungen und einem freundlichen Lächeln so gut wie möglich positiv zu verkaufen. Jedoch: Wenn Sie alles getan haben, um Kritik so „nett" wie möglich rüberzubringen, und der Adressat trotzdem sauer reagiert – dann müssen Sie das wegstecken können.

Auch das ist emotionale Intelligenz: mit dem Unabänderlichen leben zu lernen. Belastende Gefühle fühlen zu können, bis sie von allein abebben. Sich sagen zu können: „Ich habe es so schonend wie möglich ausgedrückt. Aber es musste gesagt werden. Dass er/sie jetzt sauer ist, kann ich gut verstehen. Aber er/sie sollte auch verstehen, dass es meine Aufgabe ist, ihn/sie auf solche Dinge aufmerksam zu machen."

Auf einen Blick: In einer Männerwelt Frau bleiben

- Wenn Sie sporadisch, häufig oder täglich an Ihrer Arbeit leiden: Schön, dass Sie es sich eingestehen. Das ist emotional sehr intelligent. Nur was wir annehmen, können wir auch ändern.
- Nehmen Sie die Gefühle der Frustration, des Verletztseins, der Verwirrung, der Unzufriedenheit ganz bewusst wahr. Laufen Sie nicht vor ihnen davon!
- Verlassen Sie sich auch nicht auf den Ausgleich à la: „Ich jogge meinen Frust abends weg!" Das ist schön. Aber wäre es nicht schöner, wenn Sie den Frust in dem Augenblick behandeln, in dem er auftritt, anstatt ihn einen ganzen Tag lang mit sich herumzuschleppen?
- Wettern Sie nicht gegen Ungerechtigkeiten am Arbeitsplatz: „Das ist ja alles so unfair!" Ist es. Doch diese Einsicht hilft nicht weiter.
- Schauen Sie vielmehr genau hin: Was verlangt die Situation von mir? Und was verlangt mein Seelenleben von mir? Kümmern Sie sich um beides.
- Erkennen Sie, was Sie emotional in einer belastenden Situation benötigen – und holen Sie es sich oder geben Sie es sich selbst.
- Das macht Arbeit? Sicher. Sie kümmern sich täglich viele Minuten um Ihr Haar, Ihre Haut, Ihre Kleidung. Wenn Sie sich nur die Hälfte dieser Zeit um Ihre Gefühle, Ihre Seele, Ihr emotionales Wohlbefinden kümmern würden – Sie wären der glücklichste Mensch der Welt!

7 Befreien Sie sich!

*Der Mensch ist nicht dazu gemacht, glücklich zu sein,
sondern unglaubliche Gefühle zu empfinden.*
Sören Kierkegaard

Frustgefühle

Stellen Sie sich vor:

- ❏ Eine Kollegin wirft Ihnen vor versammeltem Team völlig unberechtigt einen groben Fehler vor, für den Sie nichts können.   **Das tut weh!**
- ❏ Ihr Chef kanzelt Sie im Meeting mit einem doofen Macho-Spruch ab, Marke: „Das ist wieder so ein blondes Argument!"
- ❏ Sie müssen mal wieder die Fehler eines unkollegialen Kollegen ausbügeln – und bekommen kein Wort des Dankes dafür.

Was fühlen Sie? Das verletzt, nicht wahr? Selbst wenn Sie gar nicht betroffen sind, selbst wenn Sie – wie hier – nur darüber lesen. Wie viele solcher emotionalen Dämpfer erleiden Sie im Laufe eines Tages? Manchmal überrascht mich die Antwort von Frauen in Seminaren und Coachings.

Was mich auch immer wieder überrascht: wie viele dieser Gefühlsprobleme bereits chronisch sind. Frauen schleppen sie schon Jahre, manchmal ein halbes Leben mit sich herum. Das muss nicht sein: **Chronische Frustgefühle**

> **STOP**   Wenn Sie an Gefühlen *leiden*, gehen Sie falsch damit um. Gefühle sind zum Fühlen – nicht zum Leiden – da.

Das soll kein Vorwurf sein, eher eine Chance: Es ist nicht wirklich nötig, an der Welt, dem Chef, den Kollegen, dem Partner, den Kindern, den Eltern, den tausend täglichen Ungerechtigkeiten zu leiden. Natürlich sind viele Mitmenschen keine Engel und das Leben hält bestimmt auch heute wieder einige Gemeinheiten für Sie bereit. Doch dass Sie jahrelang, ja auch nur tage- oder stundenlang an etwas oder jemandem leiden müssen, ist unnötig und fast schon unnatürlich. Lassen Sie mich diese Behauptung im Folgenden an den häufigsten Fragen zu alltäglichen emotionalen Krisen belegen, die mir in Seminar und Coaching gestellt werden.

„Wie werde ich weniger verletzlich?"

Ein echter EQ-Klassiker: Die weibliche Verletzlichkeit. Ein Vertriebsleiter erzählt:

„Die Ladys im Team sind allesamt sehr fachkompetent. Im Schnitt bringen sie sogar mehr Umsatz als unsere Herren. Doch mit den Männern kann ich einfach besser arbeiten. Wenn ich einen groben Witz reiße, lachen nur die Männer. Die Frauen nehmen fast alles, was ich sage, viel zu persönlich. Die muss ich immer mit Samthandschuhen anfassen. Auf Dauer ist das ermüdend und nicht gut fürs Teamklima. Sind eigentlich alle Frauen so zart besaitet? Oder nur die berufstätigen?"

Wie mimosenhaft sind Frauen?

Der Vertriebsleiter leidet darunter, dass er jedes Wort zweimal im Munde herumdrehen muss, bevor er eine seiner Verkäuferinnen anspricht. Doch das ist nichts im Vergleich zum Leiden auf Seiten seiner Mitarbeiterinnen. Diese erzählen mir: „Ich weiß doch, dass er es nicht so meint. Aber es gibt mir trotzdem jedes Mal einen Stich, wenn er so grob ist. Ich hätte gern ein dickeres Fell, damit mich nicht immer alles so persönlich trifft und runterzieht."

Geht Ihnen auch manchmal so? Sie wünschen sich manchmal auch ein dickeres Fell? Warum eigentlich?

Warum müssen sich immer die Frauen ändern?

Wenn ein Mann eine Frau verbal verletzt – warum sollte sich dann die Frau wünschen, weniger verletzlich zu sein? Warum werden Frauen bei der Arbeit wie im obigen Fall oft als „Mimosen", „nicht tough enough for business" stigmatisiert?
Warum sollten wir versuchen, weniger verletzlich zu sein? Warum können die Männer nicht mal versuchen, weniger verletzend zu sein?
Weil, um Brecht abzuwandeln: Die Maßstäbe, die sind nicht so. Die Maßstäbe in der westlichen Gesellschaft sind männliche Maßstäbe. Wenn ein Kerl sagt: „He, Puppe, wirf mir mal den Jahresbericht rüber!", dann lacht der Haufen Büroneander, weil sich da einer als echter Kerl profiliert. Der Maßstab lautet: frech, aggressiv, sexistisch, verletzend = gut. Wer da nicht mitreden kann, soll sich halt ein dickeres Fell wachsen lassen. So lautet der Maßstab, an dem die Gesellschaft Menschen misst.

Lieber Macho als Mimose?

Wenn Sie mich fragen: Mir können diese Maßstäbe gestohlen bleiben! Ich sehe es einfach nicht mehr ein, warum es ständig nur wir Frauen sind, die sich ändern sollen. Warum können die Männer nicht mal lernen, wie normale Menschen zu reden? *Wann* können die Männer endlich mal lernen, wie normale Menschen zu reden? Womit könnten sie es lernen? Zum Beispiel mit einem Buch à la: „Richtig reden für richtige Kerle". Glauben Sie, dass auch nur ein Mann dieses Buch kaufen würde? „Nö", antwortete mir darauf mal eine Buchhändlerin nicht ganz ernsthaft. „Männer können rein statistisch betrachtet nämlich nicht lesen. 90 Prozent der Buchkäufer sind weiblich."

Was also tun? Wir könnten warten, bis das Matriarchat kommt. Wir könnten resignieren. Wir könnten warten, bis vielleicht doch ein paar Männer (mehr) lernen, jenseits des Grunzlauts zu kommunizieren. Solange das so wenige sind, könnten wir durchaus mit dem Gedanken spielen, uns ein dickeres Fell wachsen zu lassen. Aus einem ganz einfachen Grund: Um uns so lange vor Verletzungen zu schützen, bis die Männer mehrheitlich zivilisiert kommunizieren können. Das geht. Viele Frauen haben es schon getan. Das Problem ist nur: Ein dickeres Fell hilft nicht viel.

Ein dickes Fell ist nicht die Lösung

Ein dickes Fell ist ein zweischneidiges Schwert (sorry für den Bildsprung). Klingt zwar gut, ist aber eine Medizin mit gravierenden Nebenwirkungen:

> **STOP** Versuchen Sie nicht, hart zu werden, sich ein dickes Fell wachsen zu lassen. Denn erstens funktioniert das nicht – dazu sind Frauen einfach zu emotional (und das ist eine Gabe, kein Manko). Und zweitens nimmt die Seele Schaden, wenn Sie Ihre Gefühle und damit sich selbst verleugnen.

Ein dickes Fell ist mehr oder weniger ein Holzweg. Weitere Holzwege sind: Ignorieren und Autoaggression.

❑ Ignorieren Sie es nicht, wenn man(n) Sie verletzt. Das Verdrängen von leidvollen Gefühlen ist zwar ein menschlicher Reflex, doch einer mit Bumerang-Effekt. Danach fühlt frau sich nicht wirklich wohler und selbst diese schwache Wirkung ist nur sehr kurzlebig.
❑ Keine Selbstvorwürfe! Das weibliche Gefühlsleben gehorcht dem Huckepack-Prinzip. Auch deshalb leiden Frauen doppelt:

Mit der Verletzlichkeit umgehen

Sie leiden a) unter dem oftmals schroffen Ton in der Männerwelt und b) darunter, dass sie darunter leiden: „Ich blöde Kuh, warum geht mir das immer so zu Herzen?"

Die meisten Frauen wissen, dass das Holzwege sind. Sie begehen sie nur deshalb immer wieder, weil sie ein unwillkürlicher Reflex dazu verführt: Kaum werden wir verletzt, reagieren wir ganz unbewusst mit Verdrängung, Selbstvorwürfen und Verhärtung.

 Wenn das tatsächlich ein Reflex ist – was können Sie dann dagegen tun? Inzwischen werden Sie die Antwort kennen oder zumindest erahnen. Geben Sie einen Tipp ab. Am ehrlichsten wäre eine kleine schriftliche Notiz:

....

Richtig geraten: Vor allen unbewussten Reflexen schützt immer dasselbe: Das Unbewusste bewusst machen. „Ich mache mir ja schon wieder Vorwürfe!" „Verdränge ich da wieder was?" „Wenn du jetzt ein dickes Fell hättest, welches Gefühl ginge dir dann verloren?"
Üben Sie sich im inneren Dialog. Er ist eine grandios unterschätzte Fähigkeit. Ich wage sogar die Behauptung: Wer dauerhaft einen freundschaftlichen inneren Dialog pflegen kann, wird immer glücklich, zufrieden und selbstbewusst sein.

Das Schöne am inneren Dialog: Sie fühlen sich nie wieder einsam!

Mit der Verletzlichkeit umgehen

Eines vorneweg: Wenn Sie gemobbt werden, wenn Sie persönlich angegriffen werden (s. Kapitel 8), dann machen Sie sich bitte keine Gedanken über Ihre Verletzlichkeit – dann gibt es nur zwei Möglichkeiten: Entweder sich wehren oder raus aus der Situation, in der Sie mit Vorsatz verletzt werden. Doch um diese vorsätzlichen

Verletzungen geht es hier nicht. Es geht eher um alltägliche Szenen wie:

Was Frauen schon verletzt, finden Männer noch amüsant

 Vertriebsleiter: „Na, Frau Schmitt, haben Sie mal wieder einen Kunden vergrault?" Sanne Schmitt denkt: „Wie kann er so gemein zu mir sein? Ich leide doch schon genug daran, dass mir der Kunde abgesprungen ist! Hat er am Ende recht? Hab ich was falsch gemacht? Was hab ich denn schon wieder falsch gemacht? Immer passiert mir sowas! Ich wusste doch gleich, dass dieser Job nichts für mich ist. Und jetzt hat's der Chef auch gemerkt. Aber womit soll ich denn meinen Unterhalt bestreiten? Ich kann doch sonst nichts als Verkaufen!"

Sanne ist in der üblichen emotionalen Abwärtsspirale gefangen.
Ein männlicher Kollege dagegen hätte gesagt: „Ach was, wir sollten froh sein, dass wir diesen Idioten endlich los sind – der hat uns doch bloß Geld gekostet mit seinen dauernden Sonderwünschen." Und gedacht hätte er: „Der Chef soll mal nicht so eine dicke Lippe riskieren. Der ist auch kein Genie der Kundenorientierung!"
Was denkt sich der Chef bei dem Ganzen? Ich habe ihn gefragt. Er sagt – und ich nehme ihm das durchaus ab: „Ach was, solche harmlosen Scherze sind doch gut fürs Klima! Man darf doch nicht alles so bierernst nehmen. Wir ziehen uns alle hin und wieder gegenseitig durch den Kakao. Haben sich die Mimosen im Team etwa wieder bei Ihnen beschwert? Also die gönnen einem auch nicht den harmlosesten Spaß! Die sollen nicht so empfindlich sein. Mensch, wir sind hier doch nicht im Kindergarten!"
Heißt das, Sie sollten sich Ihre Verletzlichkeit sonst wohin stecken? Weil in einer globalisierten Wirtschaft dafür kein Platz ist? Nein, ganz im Gegenteil:

Wenn Sie sich eine Sache beim Umgang mit Gefühlen merken wollen, dann soll es diese sein: Bleiben Sie authentisch!

Bleiben Sie authentisch!

Authentizität (schwer auszusprechen) war mal groß in Mode; so um die 80er-Jahre des vorigen Jahrhunderts. Es kommt nicht von ungefähr, dass sie als Tugend vom Radar der Gesellschaft verschwunden ist: Der Mensch von heute kann es sich nicht leisten, authentisch zu sein. Er muss funktionieren. Er muss effizient sein – nicht authentisch. Das ist die Forderung der Westwelt, für die ökonomische Wertschöpfung implizit die höchste Tugend geworden ist; obwohl das explizit natürlich keiner auszusprechen wagt (bis auf die katholische Bischofskonferenz). Dabei sollte eigentlich jedem Pennäler klar sein: Effizienz macht effizient – aber nicht glücklich, zufrieden oder selbstbewusst.
Wird der Mensch ausschließlich auf seine ökonomische Dimension reduziert, beißt seine Seele dabei ins Gras.

 Wenn Sie emotional verletzt werden, ärgern Sie sich nicht über Ihre Verletzlichkeit, wünschen Sie sich nicht ein dickeres Fell, ärgern Sie sich auch nicht über den Angreifer – bleiben Sie stattdessen authentisch!

Ich halte jede Wette, dass Sie nur eine vage Vorstellung davon haben, was das bedeutet. Woher sollten Sie das auch wissen? Ich habe noch keine Mutter zu ihrer Tochter sagen hören: „Kind, bleib authentisch!" Im Gegenteil. Töchtern wird immer noch beigebracht: „Lass das! Was sollen denn die anderen von dir denken?"
In gewisser Weise ist dies das Gegenteil von Authentizität.
Das ist ein unveräußerliches Menschenrecht. Was heißt: Wann immer Sie es zu verdrängen versuchen, tut das weh. Ihnen. Alle

> Emotionale Authentizität heißt: Egal, welches Gefühl Sie gerade empfinden – auch wenn es Leid, Frust und Verletzung ist: Stehen Sie dazu. Lassen Sie das Gefühl zu. Spüren Sie Ihren Schmerz. Räumen Sie sich das Recht ein, Gefühle zu haben, auch verletzte.

großen Weltreligionen wissen das übrigens. Im Christentum heißt es: „Liebe deinen Nächsten wie dich selbst." Das heißt: Wenn ich ihm aus reiner Nächstenliebe Gefühlsregungen zugestehen sollte, warum sollte ich ausgerechnet mir nicht dieselbe Achtung entgegenbringen?

Eine Seminarteilnehmerin brachte es einmal sehr schön auf den Punkt: „Ich gestehe anderen zu, Gefühle zu haben. Ich gestehe jedoch auch mir dasselbe Recht zu." Das klingt einfach, ist es aber nicht. Denn im Augenblick der Verletzung möchten wir qua Erziehung alles Mögliche tun: ärgern, davonlaufen, ein dickes Fell wachsen lassen ... Dabei hilft wirklich nur eines: Stehen Sie dazu, sich verletzt zu fühlen. Nehmen Sie sich, wie Sie sind.

An dieser Stelle wird uns auch klar, warum Ärgern und Selbstkritik nicht weiterhelfen: Wenn Sie sich nicht nehmen, wie Sie sind – gerade auch dann, wenn Sie sich verletzt fühlen – wie wollen Sie jemals emotional ausgeglichen oder gar selbstbewusst werden? Selbstablehnung führt nur noch weiter in die innere Spaltung und Unzufriedenheit.

Akzeptieren Sie Ihre Gefühle. Achten Sie sie. Das ist keine leichte Übung – sonst könnten dieses Buch auch Männer lesen. Scherz beiseite: Wenn es Ihnen gelingt, Ihr Gefühl des Verletztseins zu akzeptieren, werden Sie eine wunderbare innere Verwandlung erleben. Sie werden eine Erleichterung, ja Erlösung verspüren. Sie werden Ihren Groll auf den „Aggressor" und auf sich vergessen. Sie werden loslassen können. Sie stehen plötzlich über den Dingen. Sie fühlen sich stärker, wohler, gesünder, geliebter – eben authentisch.

Das Kierkegaard-Prinzip

Haben Sie das Leitzitat zu Beginn dieses Kapitels gelesen? Die meisten Menschen – vor allem Amerikaner – reagieren darauf mit Verwunderung, viele mit Ablehnung: „Was? Der Mensch soll nicht glücklich sein? Aber ich möchte doch glücklich sein!"

Wer möchte das nicht? Und sicher hat jeder Mensch auch ein Recht darauf. Aber: Funktioniert diese Einstellung? Leider nein. Wenn der Chef Sie grob anblafft, Sie den Stachel der Verletzung spüren und reflexartig denken „Das tut jetzt weh, aber ich möchte doch glücklich sein!" – was löst das bei Ihnen aus? Ein unlösbares Dilemma und damit noch mehr Leid: hier die Verletzung, da der Anspruch auf Glück – da wird nie was Gutes draus. Vielleicht kennen Sie den Spruch: „Das Glück lässt sich nicht erzwingen." Das ist damit gemeint: Wenn es Ihnen schlecht geht, nützt es nichts, sich sehnlich zu wünschen, sich gut zu fühlen. Das verstärkt den Leidensdruck nur noch mehr.

Genau das wusste Kierkegaard aus eigener Anschauung und eigenem Erleben: Wer das Glück zwingen will, erntet nur eines: Zwang. Kein Glück. Deshalb empfahl er, grob übersetzt: Wenn du dich mies fühlst, wünsch dir nicht, glücklich zu sein, sondern steig hinab in das miese Gefühl und koste es bis zur Neige aus! *Was die großen Philosophen wussten*

Frauen können das übrigens sehr gut. Frauen können zum Beispiel noch weinen, die Fassung verlieren, austicken, Porzellan zerschlagen, wie tot auf dem Sofa liegen und trauern. Männer können das alles nicht mehr, sobald sie sieben Jahre alt werden. Viele Frauen vergessen diese schöne Fähigkeit jedoch, wenn es um Beruf oder Familie geht. Dann denken sie plötzlich reflexhaft: „Nun reg dich doch nicht so auf, dumme Kuh. Die anderen sind doch auch nicht so empfindlich!" Falsch gedacht. Was Kierkegaard meinte, klingt eher so: „Autsch. Das tat jetzt weh, was der Kollege sagte. Das tut weh, weh, weh! Aaaah! Warum muss dieser Kerl immer so grob zu mir sein! Aua aua aua aua! … Ach, das tat jetzt gut. Jetzt geht's mir schon besser." Denn das hat Kierkegaard eigentlich gemeint: *Die alten Griechen sagten übrigens Katharsis dazu*

Das innere Glück liegt nicht in der Vermeidung oder Verneinung von negativen Gefühlen, sondern hinter deren Ausleben: Indem wir auch Verletzungen ausleben, kosten wir unseren ganzen inneren Gefühlsreichtum aus und spüren das Glück – *dabei*, weil wir authentisch bleiben, und *danach*, weil Verletzungen sich in etwas Schönes verwandeln, wenn wir sie fühlend authentisch erleben.

Oder wie die Amerikaner in einem seltenen Beispiel von Einsicht sagen: „The only way out is through." Da musst du durch, Baby!

Trennen Sie Gesagtes von Gemeintem

Wenn Sie verletzt werden, ist emotionale Authentizität das eine, die Behandlung des „Aggressors" das andere. Meiner Erfahrung nach ist der oben zitierte Vertriebsleiter exemplarisch:

 Kaum jemand, der Sie verletzt, tut das absichtlich.

Ich weiß, das ist auf Anhieb nicht leicht zu glauben. Deshalb stelle ich Coaching-Klientinnen die Frage: „Als Sie verletzt wurden – hat Ihr Ansprechpartner das Ihrer Einschätzung nach in der expliziten Absicht getan, Sie zu verletzen?" Die meisten Frauen zögern bei der Antwort. Ein gutes Zeichen:

 Solange Sie noch zögern, eine Verletzung als eindeutig absichtlich zu bezeichnen, halten Sie sich an den Grundsatz: In dubio pro reo. Im Zweifel für den Angeklagten.

Um der Verletzung auf den Grund zu kommen, fragen Sie sich: Ich weiß, was er/sie zu mir gesagt hat – aber was hat er/sie damit *gemeint*?
Die meisten Frauen beherrschen diese Trennung zwischen Gesagtem und Gemeintem bereits vorzüglich. Sie müssen sie lediglich dann aktivieren, wenn sie verletzt worden sind. Zugegeben keine leichte Aufgabe. Doch vielen gelingt das durchaus, was ich an Äußerungen erkenne wie: „Im Grunde meint er das alles gar nicht so. Ich weiß doch, wie er ist."
Im Tumult der Gefühle gelingt es oft nicht, zwischen Gesagtem und Gemeintem zu unterscheiden. Im Coaching merke ich das zum Beispiel, wenn Frauen sagen: „Was weiß ich, was er damit gemeint hat! Will ich auch gar nicht wissen! Ich bin einfach nur so schrecklich verletzt. Wie kann er mir das antun?!"
Was hilft in solchen Situationen? Wahlfreiheit.

Sie haben die Wahl

Manchmal, wenn Frauen sich immer und immer wieder im Kreise drehen und sich überhaupt nicht aus einer erlittenen Verletzung befreien können, frage ich sie: „Sie haben mir erzählt, wie Sie auf die Verletzung reagiert haben. Jetzt möchte ich wissen: Wie *möchten* Sie auf so eine Verletzung reagieren?" Zugegeben, es gibt Frauen, welche die Frage nicht verstehen. Ich gehe jede Wette ein, dass Sie nicht dazugehören. Wenn Sie dieses Buch lesen, dann werden Sie bereits wissen oder ahnen, dass Gefühle nicht wie ein Blitzschlag sind: unabänderlich, eine Naturgewalt, ein Akt Gottes. Wenn ich Ihnen in einer Situation emotionaler Aufgewühltheit die obige Frage stellen würde, würden Sie wahrscheinlich stutzen, zögern, nachdenklich werden. Da ist schon viel gewonnen.
Wenn wir nachdenklich werden, durchbrechen wir den emotionalen Kreislauf, der uns oft an den Rand des Wahnsinns führt. In diese Nachdenklichkeit hinein können Sie (oder Ihr Coach) weitere hilfreiche Fragen stellen:

> Wir vergessen zu oft: Wir können wählen, wie wir uns fühlen wollen

❏ Wenn ich wählen könnte, mit welchen Gefühlen und welchem Verhalten ich auf eine Verletzung reagieren würde – welche Gefühle und Verhaltensweisen wären das dann?
❏ Falls Ihre erste Antwort gar zu utopisch ist: Welches wären realistische Gefühle und Verhaltensweisen?
❏ Und nun der System-Check: Eskaliert Ihr neues Verhalten die Situation oder klärt es sie? Viele Frauen sagen zum Beispiel: „Ich würde ihm am liebsten eine reinhauen!" Verständlich, aber nicht unbedingt systemverträglich und deeskalierend.
❏ Die Transferfrage: Wie können Sie zu diesem neuen Gefühl und neuen Verhalten gelangen?

Die Antworten auf diese Fragen sind so vielfältig, wie Frauen es sind. Einige sagen: „Ich möchte mit mehr Humor reagieren!" Andere meinen: „Ich möchte selbstbewusster sein." Wieder andere wünschen sich: „Ich möchte da drüberstehen." Wie lautet Ihr Wunschgefühl für solche Situationen?
Wie kommen Sie dazu? Wie gehabt: Verändern Sie die Zukunft (s. Kapitel 2). Stellen Sie sich eine verletzende Situation mit Ihrem neuen Leitgefühl und Ihrem neuen Verhalten vor. Verändern Sie die Nuancen so lange, bis sich das für Sie stimmig anfühlt. Zukünftige Situationen werden dann entlang diesem neuen Programm ablaufen. Im Neurolinguistischen Programmieren heißt diese Planungstechnik des Selfmanagements übrigens Future Pace: Schrittmacher der Zukunft.

Das semantische Differenzial

Viele Pflegekräfte in der westlichen Welt sind ausländischer Herkunft. Neulich beklagte sich eine sehr engagierte mobile Pflegekraft einer Sozialstation bei mir: „Der Patient sagte mir, dass er sich nicht mehr aus dem Haus traut wegen der islamischen Terroristen. Was fällt dem ein? Nur weil ich Türkin bin, stellt er mich mit Terroristen auf eine Stufe?" Dieser interkulturelle Kontext ist die perfekte Illustration für einen grundlegenden Zusammenhang in der Kommunikation:

Bitte verstehen und behandeln Sie jeden Menschen so, als entstammte er einer eigenen (Sprach-)Kultur. Das heißt: Was in Ihrer Kultur bereits als eindeutig beleidigend und verletzend gilt, ist in seiner Kultur womöglich lediglich Ausdruck von Sorge, Angst, Neugier oder jovialer Kumpelhaftigkeit.

Das heißt nicht, dass es in Ordnung ist, eine Muslima mit Terroristen gleichzusetzen. Das heißt bloß: Keiner hat das getan. Wir reden ständig aneinander vorbei. Erst wenn der Patient „Sie Terroristin!" sagt, können wir sicher sein, dass er es so meint.
Als die Pflegedienstleiterin wegen des Vorfalls mit dem Patienten sprach, bekam der alte Herr fast einen Infarkt vor Schreck und entschuldigte sich eine halbe Stunde lang peinlich berührt: „Ich wollte doch nur, dass sie es mir erklärt – ich habe ihr doch gar nichts vorwerfen wollen!"
Was die Frage aufdrängt: Warum reagierte die Pflegerin so schnell so verletzt? Noch viel interessanter: Warum reagieren viele Frauen tatsächlich ziemlich (vor)schnell verletzt?

Warum wir manchmal Mimosen sind

Ich stelle gern die Frage: „Wenn Sie eben von einem vierwöchigen Urlaub an Ihrem Traumziel zurückgekommen wären, super erholt, topfit – hätten Sie sich bei derselben Situation ähnlich verletzt gefühlt?" Noch keine Frau hat darauf mit „Ja" geantwortet.
Wie sehr wir uns verletzt fühlen, hängt nicht nur vom erlebten verbalen Übergriff ab, sondern auch von unserer Tagesform und unserer allgemeinen seelischen, geistigen, körperlichen und hormonellen Verfassung.
Emotionale Intelligenz heißt auch: Wenn Sie merken, dass Sie sich in letzter Zeit ziemlich schnell verletzt fühlen, ist das kein Hinweis mehr, sondern bereits ein bedrohliches Alarmzeichen.

STOP Je nichtiger die Anlässe sind, die Sie bereits verletzen, desto dringender und schneller sollten Sie Ihren Akku wieder aufladen und sich um Körper, Seele, Geist oder Hormone kümmern.

Das heißt: Selbstwertgefühl wieder aktiv aufpäppeln (s. Kapitel 5), wieder mal richtig ausschlafen, Vitaminkur einlegen, wieder mal raus und bis zur Glückseligkeit joggen. Plus: Rote Knöpfe abchecken.

Roter Knopf Anerkennung

Wir alle haben unsere Roten Knöpfe. Das sind Gefühle, auf die jemand nur ganz leicht drücken muss – und schon rasten wir völlig unverhältnismäßig aus.

 Thomas kommt nach Hause und meint nach der Begrüßung halb im Scherz zu Evi: „Na, Liebste, kriegt dein Mann nichts mehr zu essen hier?" Er lächelt dabei mit seinem Spitzbubenlächeln, das sie sonst so an ihm mag. Nicht heute. Heute blafft sie ihn an: „Wenn dir die Bewirtung hier nicht passt, kannst du ja in die Kneipe am Eck gehen!" Thomas fällt vor Schreck die Kinnlade aufs Knie. Seinem besten Freund erzählt er hinterher beim Fußballtraining: „Du, ehrlich, in solchen Situationen kenne ich meine Frau nicht mehr. Ich weiß, der Scherz ging nach hinten los – aber ich habe es doch nicht so gemeint! Du kennst mich doch, ich bin eben ein alter Witzbold. Warum kennt sie mich nicht so gut? Hat sie die letzten 22 Ehejahre mit einem anderen Gatten verbracht?" Auch Evi tut es inzwischen leid: „Ich weiß buchstäblich nicht, was in mich gefahren ist! Plötzlich sah ich rot und bin ausgerastet. Ticke ich noch richtig?"

Ja, sie ist lediglich Opfer eines ihrer Roten Knöpfe geworden: Weil sie als berufstätige Mutter und Hausfrau sich sowieso ständig (unberechtigt!) Vorwürfe macht, dass sie Mann und Kind vernachlässigt, reicht ihr schon eine scherzhafte Bemerkung über ihre Fähigkeiten als Hausfrau, um sie zur Furie werden zu lassen. Das ist wie der Kniesehnenreflex: unwillkürlich. Im Beruf wie in der Familie hängt einer dieser Kniesehnenreflexe mit mangelnder Anerkennung zusammen.

Die westliche Welt leidet an einer Mangelepidemie, was Anerkennung anbelangt. Was allein schon dumme Sprüche belegen wie: „Net g'schimpft isch scho gelobt genug!" Das mögen manche lustig finden. Doch Frauen leiden stark unter diesem Mangel an Anerkennung. Das kann jedes Kind beobachten, das seiner Mutter ausnahmsweise mal sagt, wie gut das Mittagessen wieder schmeckt: Das darauf einsetzende Lächeln ist nichts im Vergleich zum Hauptgewinn in einer Lotterie. Das erfahre ich auch immer wieder von berufstätigen Frauen. Am häufigsten fällt der Satz: „Danke sagt hier drin keiner." Kommt stattdessen auch nur die leiseste Andeutung von Kritik, zum Beispiel nach einer erledigten Aufgabe, rasten viele Frauen komplett aus und fangen zu toben an oder kriegen den großen Frust: Sie erwarten Anerkennung und ernten stattdessen Kritik. Anerkennung ist einer der Roten Knöpfe vieler Frauen. Wie gehen Sie damit um?

Anregungen zur Anerkennung

- ❏ Resignieren Sie nicht. Sie haben ein Recht auf Anerkennung im Beruf und anderswo.
- ❏ Bleiben Sie authentisch: Stehen Sie zu Ihrem Wunsch nach Anerkennung.
- ❏ Erkennen Sie aber auch: Wenn Sie auf Anerkennung warten, können Sie meist warten, bis Sie schwarz werden. Nur die wenigsten Westeuropäer sind emotional so weit entwickelt, dass sie positives Feedback geben können.

- Für Anerkennung gilt das Prinzip Holschuld: Sie wollen Anerkennung? Dann holen Sie sich welche!
- Aber nicht so: „Wie war ich denn jetzt?" Das klingt nach kleinem Mädchen.
- Auch nicht mit geschlossener Frage: „Sind Sie zufrieden damit?" Denn darauf ernten Sie bloß ein halbherziges „Ja" der Anerkennungsindolenten.
- Lieber offen fragen: „Wie sind Sie mit dem Ergebnis zufrieden?"
- Manchmal ernten Sie darauf ein gönnerhaftes „War ganz in Ordnung, Mädchen." Lassen Sie sich davon nicht entmutigen.
- Fragen Sie vielmehr nach: „Was hat Ihnen besonders zugesagt?"
- Wenn Sie von Männern Anerkennung erwarten, bedenken Sie den Geschlechterunterschied. Männer hauen Männern auf die Schulter: „Boah, Alter, super Leistung!" Mit Frauen trauen sie sich das nicht (Gott sei Dank!).
- Daher: Egal, was Männer Ihnen an Anerkennung *aussprechen*, *gemeint* ist damit das Doppelte. Wenn ein Mann Ihre Leistung „ganz passabel" findet, dann heißt das übersetzt „tadellose Leistung".
- Sie können auch die Metakommunikation (Kommunikation über die Kommunikation) einsetzen: „Herr Müller, ich würde mich über eine Würdigung meiner Leistung sehr freuen. Bitte, sagen Sie ein paar Worte."
- Der Angesprochene wird das zwar auf Anhieb nicht können, doch auch Männer sind lernfähig: Frauen, die daraus ein Entwicklungsprojekt gemacht haben, berichten schon nach wenigen Wochen von überraschenden und ermutigenden Ergebnissen à la: „Manche suchen krampfhaft nach anerkennenden Worten, wenn ich meine Arbeit abliefere. Das bedeutet mir dann umso mehr, je klarer mir ist, wie schwer es Männern fallen muss, Anerkennung auszudrücken." Manche Männer sterben, ohne jemals Anerkennung gegeben zu haben – kein Witz.

- Für Fortgeschrittene: die Suggestivmethode. Zum Beispiel: „Ich gehe davon aus, dass Sie sehr zufrieden mit meiner Leistung sind." Meist bemühen sich Männer darauf, überschwänglich zu bejahen – denn die Formulierung hat einen starken Befehlscharakter und Männer befolgen Befehle (gut zu wissen!).
- Schon etwas gewagter: „Ich gehe davon aus, dass das zum Besten gehört, was Sie in den letzten Wochen gesehen haben."
- Gewöhnen Sie sich das moderate Eigenlob an (s. Kapitel 5). Es stärkt nicht nur Ihr Selbstwertgefühl und macht Sie unabhängig(er) von Fremdlob. Es hat auch Suggestivcharakter: Es fordert andere auf, Sie ebenfalls zu loben. Zum Beispiel: „Bei aller Bescheidenheit muss ich doch sagen, dass mir das gut gelungen ist." Männer finden das nicht affig, sondern interpretieren das als Zeichen eines gesunden Selbstwerts und stimmen dem zu – oder fangen eine Diskussion der Meriten an, was fast genauso gut ist wie Anerkennung: Immerhin wird frau dann ernst genommen.
- Wenn ein Mann Ihre Leistung kritisiert, dann versuchen Sie doch mal ein Reframing. Deuten Sie die Kritik ins Gegenteil um: Er schenkt Ihnen gerade Anerkennung. Denn der sehr kompetitiv gepolte Mann kritisiert niemals eine Leistung, die klar schlecht ist – das ist ja keine Konkurrenz für ihn! Er tritt nur gegen Schienbeine, die ihn in seinen Augen bereits wirksam bedrohen, also besser sind als er. Oder wie das (männliche) Sprichwort sagt: Neid muss man sich verdienen, Mitleid bekommt man geschenkt.

Warum Frauen nach Anerkennung dürsten

Angesichts der Tatsache, dass 90 Prozent der Frauen sich über mangelnde Anerkennung im einen oder anderen Kontext beklagen, drängt sich die Frage auf: Warum sind Frauen derart scharf auf Anerkennung?

Kantige Hypothese: Frauen dürsten nach fremder Anerkennung, weil sie sich selbst keine geben (können).
Von Männern ist bekannt, dass sie sich selbst für die Besten, Klügsten und Schönsten halten. Von Frauen eher das Gegenteil: Sie haben ständig etwas an sich auszusetzen. Kein Wunder, dass sie zum Ausgleich förmlich nach Anerkennung lechzen. Was folgenden Schluss aufdrängt:

Holen Sie sich Anerkennung von außen. Aber kümmern Sie sich genauso um Anerkennung von innen.

Ich weiß, eine sehr schwere Aufgabe. Denn immer dann, wenn wir über uns und unsere Leistung nachdenken, fallen uns automatisch erst einmal die hundert Dinge ein, die faktisch nicht geklappt haben, die wir vermasselt haben, die wirklich nicht toll an uns sind. Und es nützt uns auch nicht wirklich, dass uns Ratgeber raten: „Egal, was alles nicht an Ihnen stimmt, konzentrieren Sie sich auf das, was gut ist an Ihnen!" Worauf mir bisher noch jede Frau erwidert hat: „Natürlich habe ich ... (ein schönes Lächeln, tolle Haare, schöne Beine ...). Aber wie soll ich mich darüber freuen, wenn ..." (Und jetzt kommen die hundert Dinge, die sie an sich hasst!)
Irgendwann werden Sie die Erkenntnis gewinnen, dass sich zwar Geld und Erbsen aufrechnen lassen, nicht jedoch Schönheit, Anmut, Eleganz, Charakter, Reife, Weisheit oder Güte.
Also alles, was wirklich wichtig ist im Leben. Für alle diese Dinge gilt:

Wenn Sie sich unter hundert Mängeln nicht auf das eine konzentrieren, was wirklich gut an Ihnen ist, dann werden Sie enden wie Tausende von Promi-Frauen: zu Tode geliftet, verzweifelt, seelisch krank, depressiv und hoch neurotisch.

Ein arabisches Sprichwort sagt: „Verzweifle nicht ob der Endlosigkeit der Wüste. Hänge dein Herz an die kleine Blume, die in der Oase blüht."

„Das zieht mich alles so runter!"

Die Burnout-Zahlen unter Frauen sind in den letzten Jahre in die Stratosphäre gesprungen. Die berühmte Doppelbelastung macht's möglich. Ein typischer Indikatorsatz dafür ist: „Das zieht mich alles so runter!" Und dann höre ich als Coach eine beeindruckende Litanei über all das, was die Doppelbelastete runterzieht. Gern frage ich dann: „Was möchten Sie tun, damit das alles Sie nicht mehr so runterzieht?"
Was, glauben Sie, ist die häufigste Reaktion auf diese Frage? Erstauntes Schweigen. Tatsächlich vergessen die meisten Frauen im Trubel der Gefühle: Opfer jammern. Gestalter ändern.
Wir leben im Zeitalter der großen Unselbstständigkeit, auch der emotionalen. Ich möchte wirklich keiner das Vergnügen eines schönen Jammerzirkels nehmen. Misery loves company, wie die Briten sagen. Doch langsam sollte bei Ihnen die Erkenntnis reifen:

 Es sind *Ihre* Gefühle, *Ihre* Stimmungen. Machen Sie was daraus! Spielen Sie nicht länger Beifahrer auf der affektiven Achterbahn des Lebens. Nehmen Sie die Zügel selber in die Hand.

Tatsächlich finden etliche Frauen die Pferde-Metapher sehr angenehm. Eine Coachee drückte es so aus: „Gefühle sind wie Pferde. Es ist schön, sie laufen zu lassen. Aber manchmal tut es dem Pferd und mir gut, wenn ich die Zügel kürzer nehme. Ich tue dem Pferd damit nicht weh. Aber ich erspare ihm vielleicht einen Beinbruch und mir einen Sturz."

Was heißt es, die Zügel kürzer zu nehmen, wenn Sie in letzter Zeit zu vieles runterzieht? Befreien Sie sich!

Die große Befreiung

- Wenn Sie etwas runterzieht, heißt das erste Gebot: Mund auf! Aussprechen!
- Natürlich vorwurfsfrei, zum Beispiel: „Ich würde gern eine Anmerkung zu den Arbeitsbedingungen machen." Die meisten Frauen schweigen einfach – aus falsch verstandener Bescheidenheit und Harmoniesucht.
- Entwickeln Sie lieber ein gesundes Selbstverständnis: Sie sind hier bei der Arbeit (in der Familie, der Beziehung) und nicht im Steinbruch oder auf der Galeere! Sie sind es sich schuldig, für Ihre eigenen Interessen einzustehen. Wer sollte es sonst für Sie tun? Der edle Ritter etwa? Vergessen Sie den. Der sitzt in der nächsten Kneipe und bechert mit seinen Zechkumpanen.
- Frauen, die von zu vielem runtergezogen werden, tun meist zu viel für andere. Sie opfern sich auf. Aber: Das reicht nicht für ein glückliches Leben!
- Tun Sie regelmäßig (einmal am Tag wäre schön) etwas, das Sie nur für sich selbst tun, das Ihnen Freude oder Spaß macht, das Ihnen guttut.
- Ich weiß, das kostet am Anfang irrsinnig Überwindung. Doch ganz tief drinnen werden Sie sicher merken: Wenn Sie nicht schleunigst beginnen, sich um sich selbst zu kümmern, nimmt das noch ein schlimmes Ende.

Die große Befreiung

Der Freund einer erfolgreichen Businessfrau verabschiedete sie am Flughafen mit den eigentlich trivialen Worten in den Urlaub: „ … und erhol dich gut!" Worauf sie ehrlich verblüfft in einem seltenen Moment der Reflexion sagte: „Ich habe nie gelernt, wie das geht!" Darauf nahm er sie in den Arm, schaute ihr tief in die Augen und sagte: „Du weißt, ich tue alles für dich. Aber du musst mir dabei helfen. Ich würde nämlich gern mit dir hundert werden, mindestens. Das geht aber nur, wenn du dich alle fünf Jahre für zwei Wochen erholst. Also hilf mir dabei!"

Ich weiß nicht, ob ihr das gelungen ist. Ich wünsche es ihr. Ich wünsche es uns allen. Und ich wünsche uns „gentle reminders", freundliche Erinnerungshilfen, die uns unterstützen, an uns selbst zu denken. Lassen Sie mich in dieser Minute Ihr gentle reminder sein:

Was können Sie für sich tun? Hic et nunc? Hier und jetzt? Nein, tun Sie die Frage nicht als trivial ab und Ihren Wunsch nicht als illusorisch und die Zeit als zu knapp und Ihre eigene Verfassung gerade als zu faul. Ich wiederhole mich: Was können Sie mit den Ihnen jetzt zur Verfügung stehenden Mitteln für sich selbst tun? Sich recken und strecken? Ausgiebig gähnen? Ausnahmsweise mal ganz ohne schlechtes Gewissen Konfekt naschen? Ein halbes Kapitel von Ihrem aktuellen Lieblingsroman lesen? Einen schönen knackigen Apfel essen? An ein schönes Erlebnis denken? Tagträumen? Mit einem netten Menschen reden? An Ihren Schatz denken? Alternativ an Ihren Traumprinzen? Einfach nur fünf Minuten zum Fenster rausgucken und die Seele baumeln lassen? Was um Himmels willen hindert Sie daran, freundlich zu sich selbst zu sein?

Emotionale Intelligenz heißt letztendlich: Sei gut zu dir selbst! Jetzt! Nachhaltig!

Sagen Sie es!

Vieles von dem, was uns runterzieht, kommt von anderen. Was haben wir eben gelernt? Aussprechen! Frauen machen das teilweise auch, und zwar reflexhaft: „Hör endlich auf damit. Lass das!" Resultat? Widerrede, Eskalation. Warum? Weil das typische Du-Botschaften sind.

 Ich-Botschaften sind wirksamer und deeskalierend: „Das zieht mich jetzt arg runter."

Das reicht schon. Wenn Ihr aktueller Gesprächspartner nicht darauf einsteigt: Verlassen Sie ihn und die Situation. Ist meist nicht nötig, denn: Ich-Botschaften sind wirksam. Was ebenfalls gegen Runterzieher hilft:

❑ Suchen Sie das Gute an dem, was Sie runterzieht, zum Beispiel: „Der Job ist gerade arg stressig – aber wenigstens habe ich einen halbwegs gut bezahlten Job."
❑ Versuchen Sie's mal mit Humor: „Nein, nicht auch das noch! Jetzt wird's ja richtig lustig!" Humor ist eine tolle Dissoziationstechnik (s. Kapitel 1). Und sehr gut trainierbar. Worüber Sie sich lustig machen, das kann Sie nicht mehr so sehr runterziehen.
❑ Die Steigerung von Humor ist Savoir vivre, die Lebensauffassung, der persönliche Stil: „Ich hätte jede Menge Ärger, wenn ich mich jedes Mal über so etwas ärgern würde!"

Privatleben ausgeschlossen?

Wer heute noch einen Job hat, hat nur noch einen Job. Die Entlassungswellen der letzten zehn Jahre haben bewirkt, dass heute zwei Menschen die Arbeit von fünfen machen. Ein Privatleben ist unter diesen Bedingungen a priori ausgeschlossen. Trotzdem wollen nicht alle Menschen ihren Wunsch nach einem Privatleben aufgeben. Wie wehren sie sich?
Männer zum Beispiel setzen als Ausgleich zum Jobstress den Puffbesuch auf die Spesenrechnung, wie wir seit einiger Zeit aus der Presse wissen. Warum Frauen eigentlich nicht auch? Es muss ja nicht unbedingt ein Bordell sein (obwohl, so ein knackiger Südländer ... 'tschuldigung, ich schweife ab).

> **z.B.** Brigitte ist Abteilungsleiterin. Irgendwann hat sie es satt, kein Privatleben mehr zu haben, und sagt zu ihren Führungskräften: „Ab sofort hole ich Dienstag und Donnerstag die Kleine um 17 Uhr vom Kindergarten ab. Alle anderen Tage bin ich wie immer bis 19 Uhr im Büro." Der erwartete Widerspruch bleibt aus. Stattdessen sagt ihr einer der Produktmanager: „Schön, dass Sie auch menschliche Züge haben. Wir dachten schon, Sie seien ein Roboter."

Nota bene: Da Brigitte ihren Entschluss angekündigt hat, ging er glatt durch. Hätte sie dagegen *gefragt*, ob es auch recht sei, hätte es sicher Endlosdiskussionen gegeben.
Erster Einwand, den ich auf Brigittes Beispiel oft höre: „Ja, schon, aber in unserem Unternehmen geht das nicht." Stimmt das? Nein, da spricht die berühmte Opferhaltung. Opfer deklarieren erst mal jede Verbesserung als unmöglich und warten darauf, dass sich das von allein ändert oder der Prinz kommt und sie erlöst. Emotional gefestigte Frauen (und die, die es werden wollen), fragen dagegen:

„Das ist jetzt noch unmöglich – aber unter welchen Bedingungen wäre es möglich? Und wie kann ich diese Bedingungen schaffen?"

 Ein aktives, selbst gesteuertes Leben ist ein emotional beglückenderes Leben.

„Mein Mann neidet mir ..."

„... mein höheres Gehalt, meine steilere Karriere, meine neue Position, meine Machtfülle, meinen beruflichen Erfolg, meine Abschlüsse ..." Je mehr Frauen Erfolg im Beruf haben, desto öfter höre ich diese Klage. Es geht inzwischen vielen Frauen so und es werden immer mehr (glücklicherweise). Leider ist das immer noch ein Tabuthema. Zumindest in der Presse. Warum? Weil Chefredakteure immer noch überwiegend Männer sind. Und weil Frauen fürchten, an Attraktivität zu verlieren, wenn sie das Problem offen zugeben. Im Coaching dagegen schütten sie mir ihr Herz aus.

Der Mann, das schwache, verunsicherte, verängstigte Geschlecht

Gehen wir der Sache auf den Grund. Die Ursache des Männerneids ist mit bloßen Händen zu greifen: die männliche Verunsicherung. Früher hatte der Mann einen beeindruckenden Status: Krieger, Jäger, Eroberer, Ernährer. Jetzt: Minderverdiener! Kein Wunder, dass er sich verunsichert und frustriert fühlt. Er hat ja allen Grund dafür. Aber was tun Sie, um Ihre Beziehung zu retten?

- ❏ „Schatz, lass uns mal darüber reden." Tun Sie das bloß nicht!
- ❏ Sprechen Sie seine Verunsicherung nicht an, sondern akzeptieren Sie sie. So eine existenzielle Verunsicherung können Sie ohne therapeutische Ausbildung nicht ansprechen. Der Mann fasst das unwillkürlich als Demütigung auf.
- ❏ Bringen Sie Verständnis auf, auch nonverbal.
- ❏ Schaffen Sie einen Ausgleich: Lassen Sie ihm auf einem anderen Feld demonstrativ das Sagen, lassen Sie ihn sich dort austoben, loben Sie ihn ausdrücklich, wenn er seine Erfolgs-

storys anbringt. Er wird es Ihnen danken (nicht explizit, aber durch seine neu gewonnene Selbstsicherheit).

Gute Lösung? Schon, doch im Seminar melden sich an dieser Stelle immer zwei, drei Frauen vehement zu Wort: „Was für eine Doppelmoral! Wenn der Mann mehr verdient, dann darf er sich einen SLK kaufen und damit protzen! Tut die Frau dasselbe, geht ihre Beziehung in die Brüche! Eine Frau muss nicht nur das Doppelte leisten, um dasselbe zu verdienen wie ein Mann! Wenn sie dann tatsächlich mehr verdient, soll sie sich auch noch dafür schämen? Da wird ja der Hund in der Pfanne verrückt! Wo gibt's denn so was?" Kurze Antwort: im Patriarchat. Alles klar?
Weder Sie noch ich machen die Regeln im Patriarchat. Vielleicht schaffen wir es, sie in 200 Jahren zu ändern. Doch hier und heute gilt: This is the game, these are the rules!
Alternative: Damit muss der Mann zurechtkommen. Viele Frauen sagen mir inzwischen auch: „Ich verdiene mehr als er. Er leidet auch manchmal drunter. Ist aber sein Problem. Wenn er nicht damit zurechtkommt – sein Bier."
An dieser Stelle muss ich fairerweise die Männer zu Wort kommen lassen. Immer wieder sagen mir welche: „Sie machen ein Problem, wo keines ist. Ein echter Kerl kann das ab, dass seine Süße mehr verdient. Ich würde mich jederzeit von einer besser verdienenden Frau zum Essen einladen lassen. Wo ist das Problem?"
Es gibt zwar nicht viele, aber doch genug Männer, die das abkönnen. Suchen Sie sich einen. Oder können Sie wirklich auf Dauer mit einem glücklich werden, für den (Ihr!) Geld ein Beziehungshindernis ist?

„Der Chef hat seine Lieblinge!"

Das haben überraschend viele Chefs. Und das tut unheimlich weh. Vor allem deshalb, weil es täglich passiert und so ungerecht ist:

Regine ist Kontakterin in einer Düsseldorfer Werbeagentur. Sie erzählt: „Ich reiße mir hier sonst was auf, mache Überstunden noch und nöcher, habe mit meinem Einsatz ein Millionenbudget gerettet – höre ich auch nur ein kleines Dankeschön? Die Empfangssekretärin aber, die noch nicht mal eingehende Telefonate richtig vermitteln kann, deren Korrespondenz ich ständig korrigieren muss und die jeden Tag um vier Uhr geht, die hat der Chef gestern zum Essen eingeladen. Kann es daran liegen, dass sie blond ist und mehr Holz vor der Hütte hat?"

- ❏ Machen Sie dem Chef bloß keine Vorwürfe! Er würde den Tatbestand der Günstlingswirtschaft abstreiten und Ihnen den Schwarzen Peter zuschieben.
- ❏ Sie könnten sich natürlich auch die Haare blond färben und zwei Knöpfe an der Bluse aufmachen … Absolut in Ordnung, wenn Ihnen das liegt.
- ❏ Wenn nicht: Holen Sie sich Ihre verdiente Anerkennung auf einem Gebiet, das Ihnen mehr liegt. Regine zum Beispiel fragt Ihren Chef rundheraus: „Soll ich das nächste Mal wieder einen Millionen-Deal retten oder soll ich das lieber bleiben lassen?" Der Chef versteht ihren Wink mit dem Zaunpfahl und lobt sie ausdrücklich im nächsten Teammeeting – hat der alte Anerkennungszausel noch nie gemacht.

In Verhandlungen Gefühle zeigen?

Die Befürchtung dahinter: Frau lässt sich womöglich über den Tisch ziehen, wenn sie Gefühl zeigt. Vor allem in Deutschland, wo das Pokerface das Verhandlungsideal ist.

- Die Frage lässt sich nur über den Kontext beantworten: Wenn eiskalt verhandelt wird, dann gilt: No feelings! Kalt bis ans Herz!
- Wenn der Verhandlungspartner jedoch andeutet, lieber partnerschaftlich verhandeln zu wollen, ist Härte ein schlimmer Fauxpas. Hier sind Gefühle nicht nur erlaubt, sondern erwünscht und erfolgsentscheidend.
- Wenn Sie das Gefühl haben, da will Sie einer über den Tisch ziehen: Keine Gefühle! Eiskalt! Knallhart! Frauen können das sehr gut.
- Besser noch: Agieren Sie mit negativen Gefühlen! Das können die knallharten Typen nämlich überhaupt nicht vertragen. Zum Beispiel: „Hören Sie mal, wenn Sie mir in diesem Ton kommen, dann lasse ich hier gleich die Zicke aus dem Zwinger."
- Oder eine Schattierung weniger aggressiv: „Ich verstehe, dass Sie unbedingt Ihre Meinung durchsetzen müssen. Ich wäre Ihnen aber dankbar, wenn Sie Ihren Ton etwas mäßigen könnten."
- Egal, was Sie sagen: Seien Sie bereit, dem Aggressor sanft, aber bestimmt die Stirn zu bieten. Wenn Sie auch nur körpersprachlich Nachgiebigkeit signalisieren, hört er nicht auf, auf Ihnen herumzuhacken.

Und was nun?

„Wie finde ich nach einer Eskalation wieder zu einem sachlichen Gespräch zurück?"
Emotional wieder vom Baum herunterzukommen ist nicht leicht, aber vielen ein echtes Anliegen.

- Separator setzen: Pause machen, fünf Minuten an die frische Luft, Ortswechsel, Bewegung.
- Bewusst einen Strich ziehen, selbst wenn es nur einseitig ist: „So, das war jetzt sehr emotional, jetzt werde ich wieder sachlich." Pacing & Leading: Der Gesprächspartner nimmt unwillkürlich Ihren sachlichen Stil auf.
- Sie können das auch ganz explizit machen: „Nach diesem reinigenden Gewitter schlage ich vor, dass wir einen Strich ziehen und einen frischen Start wagen."
- Manchmal muss der andere auch involviert werden: „Ich nehme an, die Situation ist Ihnen so unangenehm wie mir. Was glauben Sie? Wie könnten wir jetzt in der Sache weiterkommen?"

„Ich werde zu schnell zu emotional!"

Das geht vielen so. Schön, wer das als Problem überhaupt wahrnimmt. Einsicht ist der erste Schritt zur Besserung.

- Was die Oma schon wusste: Nicht gleich lospoltern oder losheulen – erst drei Mal tief ein- und wieder ausatmen. Das relativiert die Gefühle schon wesentlich.
- Achtsamkeit einschalten, Unbewusstes bewusst machen, in den inneren Dialog gehen: „Oh, jetzt regst du dich aber wieder auf …" „Das hat dich hart getroffen, nicht?"
- Gefühle per Ich-Botschaft artikulieren – ohne Larmoyanz, ohne Quengeligkeit.

- Notfalls Break einlegen: „Ich brauche fünf Minuten Pause."
- Metakommunikation: „Zugegeben, ich bin in diesem Punkt etwas empfindlich. Deshalb wäre es umso schöner, wenn Sie an dieser Stelle etwas rücksichtsvoll wären." Funktioniert übrigens immer: Sadisten sind viel seltener, als wir befürchten.

Auf einen Blick: Mood Management

Jeden Tag hält das Leben Verletzungen, Frustrationen und Stress für Sie bereit. Mal mehr, mal weniger. Wollen Sie diese emotionalen Krisen erdulden oder lieber gestalten?

Verletzungen, Ärger und Stress müssen Sie nicht tagelang mit sich herumschleppen. Sie können den emotionalen Ballast abwerfen.

Nötig ist dafür zunächst Achtsamkeit: Was passiert mit mir? Machen Sie sich Ihre Gefühle bewusst.

Kümmern Sie sich stets um alle drei Seiten einer emotionalen Krise: Ihre subjektiven Gefühle dabei, die objektive Sache und die subjektiven Gefühle und Motive Ihres Gegenübers.

Beispiel: Wenn der Chef Sie grundlos anbrüllt, verarbeiten Sie Ihre eigenen Gefühle (anstatt sie zu verdrängen oder zu bagatellisieren oder sich mit dem Aggressor zu identifizieren), prüfen Sie, ob der Raunzer einen wenigstens teilweise berechtigten Grund hat, den Sie ausräumen sollten. Aber fragen Sie sich auch, was den Chef reitet, wenn er derart ausrastet (was eine geschulte Führungskraft eigentlich nicht nötig hat).

Sich um die eigenen Gefühle kümmern heißt: Bleiben Sie authentisch! Stehen Sie zu den eigenen Emotionen. Verdrängen Sie sie nicht, machen Sie sich selbst deshalb keine Vorwürfe.

Das sind keine Vorschläge, die Sie sofort anwenden und beherrschen sollten. Das ist eher ein Entwicklungsprogramm: Starten Sie heute und werden Sie jeden Tag ein wenig besser. Ein Leben lang.

8 Stark und selbstbewusst

Angst ist aber kein besonders hilfreiches Gefühl.
Ich versuche herauszufinden, wie ich
keine Angst mehr haben muss.
Natürlich ist es nur vernünftig, wenn man sich
vor diesem oder jenem fürchtet, es hilft nur nicht weiter.
Matt Groening, Simpsons-Erfinder

Wenn es Sie hart trifft

Das Leben ist kein Zuckerschlecken, sagt der Volksmund. Alle Frauen, selbst die emotional stärksten, werden gelegentlich von Schicksalsschlägen gebeutelt: betrogen und verlassen werden, Scheidung, Jobverlust, Projektabsturz, wieder nicht befördert worden, beim Chef in Ungnade gefallen, 30 (40, 50, ...) werden, zusehen müssen, wie die jüngere, blondere Kollegin bevorzugt wird ...

„I pick myself up, I dust myself off, I'm starting all over again." Popsong

Es ist oft hart und niederschmetternd, von Schicksalsschlägen getroffen zu werden. Jedoch:

 Die Frage ist nicht, welche Krise Sie als Nächstes erleben werden (es werden noch einige sein). Die Frage ist: Wie gehen Sie damit um?

Wir alle leiden gelegentlich unter emotionalen Krisen. Über das Leiden daran vergessen wir jedoch oft, aktiv mit der emotionalen Krise umzugehen.

Wer emotionale Krisen lediglich *erleidet*, geht noch nicht richtig damit um. Aufwühlende Gefühle wollen auch *bearbeitet* werden. Das ist eigentlich schon die wichtigste Erkenntnis zum emotionalen Krisenmanagement. Im Klartext:

❑ Bleiben Sie emotional nicht in der Problemtrance, in Niedergeschlagenheit und Frust stecken. Es ist gut, sich einige Zeit niedergeschlagen zu fühlen, sich auszuheulen, richtig superstinksauer zu sein, Vasen zu zerschlagen. Doch wenn Ihnen das alles nichts mehr gibt (und das spüren Sie zwar schwach, doch sehr genau), dann:
❑ Bemühen Sie sich ernsthaft darum, aktiv mit der sachlichen Seite der Krise umzugehen. Zum Beispiel wenn der Chef Sie regelmäßig völlig unverdient zur Minna macht: Lernen Sie vorwurfsfreies Feedback und geben Sie es ihm. So lange, bis er sich zivilisiert benimmt – oder Sie den Job wechseln können.
❑ Bemühen Sie sich jedoch genauso intensiv um die emotionale Seite der Krise.

„Jaja, ich weiß," sagen mir an dieser Stelle Frauen. „Ich brüte oft viel zu lange, ohne wirklich etwas für mein Seelenheil oder für die Situation zu tun." Vorsicht: Bitte keine Selbstvorwürfe! Ich kenne keine, die den konstruktiven Umgang mit emotionalen Krisen in die Wiege gelegt bekam. Auch in Elternhaus und Schule lernen wir leider oft genug das Gegenteil (ohne dass dahinter eine böse Absicht von Lehrern oder Eltern stecken würde). Emotionale Krisenintelligenz ist eine Fähigkeit wie Kochen, Tennisspielen, Integralrechnen und Delegieren auch: Das muss frau sich erst (anfänglich mühsam) klarmachen, erarbeiten und angewöhnen. Hilfreich dabei sind praxisbewährte Strategien, von denen wir einige jetzt betrachten werden.

Trennen Sie den Müll!

 Renate erzählt: „Meine Tochter, 21, rief von der Uni an. Gleich von der ersten Minute an war dicke Luft. Der absolute Tiefschlag kam, als sie mich eine ‚selbstverliebte faule Sau' nannte, weil ich vergessen hatte, ihr wichtige Krankenkassenunterlagen für ihre Immatrikulation zuzuschicken. Es stimmte schon: Ich hatte das vergessen. Doch diese Beleidigung gab mir einen Stich ins Herz. Ich fühlte mich in meiner Rolle als Mutter als totale Versagerin. Ich war am Boden zerstört." Die Tochter macht so was öfter. Normalerweise ist Renate dann drei, vier Tage lang für die Welt nicht mehr ansprechbar und tief depressiv. Dieses Mal jedoch nicht: „Inzwischen gehe ich anders mit solchen Gefühlsüberfällen um. Ich trenne den Müll, wie ich das nenne. Als meine Tochter mich so schwer beleidigte, habe ich sofort mit dem Trennen angefangen und mich gefragt: Was ist das Problem? Welchen Anteil hat sie daran, welchen du?"

Richtig große Brocken können Sie nicht am Stück schlucken. Sie sind zu groß. Teilen Sie sie in ihre Bestandteile auf. Konsumieren Sie Krisen häppchenweise.

❑ Trennen Sie zum Beispiel den Eigen- vom Fremdanteil. Fragen Sie sich: Welchen Anteil am Problem hat mein Problempartner? Und welches ist mein eigener Problemanteil? Diese Trennung eliminiert das Belastendste an bösen Angriffen: die Zerstörung des Selbstwertgefühls durch unkritische Übernahme *der kompletten Schuld* – was immer Quatsch ist, da niemals nur eine(r) allein schuld ist. It takes two to tango. Es gehören immer zwei dazu ... Wegen der kompletten Schuldübernahme hätte sich Renate früher wirklich wie eine „selbst-

verliebte faule Sau" und totale Mutterversagerin gefühlt. Heute sieht sie: Das Krankenkassenformular hat sie zwar vergessen. Doch die „selbstverliebte faule Sau" hat ihre Filia zu dem Problem hinzugetan. Seit Renate zwischen Eigen- und Fremdanteil unterscheidet, bleibt sie selbst unter schwerem Beschuss relativ gelassen, weil sie nicht automatisch, reflexhaft und unreflektiert gleich die ganze Schuld auf sich nimmt (was Frauen gern tun).

❑ Sie können zusätzlich oder alternativ auch unterscheiden zwischen dem, was sich ändern lässt, und dem, was nicht. Renate dachte früher: „Wenn sie (die Tochter) doch bloß ein wenig mehr Respekt zeigen könnte!" Renate denkt, dass ihre Tochter sie mit ihren Grobheiten seelisch erschüttert. Doch tatsächlich gilt: Unerfüllbare subjektive Erwartungen belasten schlimmer als objektive Katastrophen.

„Leiden entsteht durch Festhalten an Dingen, die du nicht bekommen kannst."
Buddha

Kann Renate ihre Tochter ändern? Seit die Tochter zwölf war, geht das nicht mehr. Sie kann ihre Tochter nicht mehr (wesentlich) ändern. Aber sie kann ihre eigene Erwartungshaltung ändern. Sie kann irreale Erwartungen loslassen. Das wirkt sehr befreiend.

Der Verlust von Illusionen stimmt entgegen landläufiger Meinung nicht wirklich traurig (das nur im ersten Moment). Langfristig wirkt er ungeheuer befreiend.

Heute denkt Renate befreit: „Soll sie doch toben. Ich ändere sie nicht mehr. Ist wie schlechtes Wetter: Schirm auf und ignorieren. Es kommen auch wieder schönere Tage mit ihr."

❑ Unterscheiden Sie Gefühle von Tatsachen. Renate denkt sich zum Beispiel: „Dass ich den Schrieb vergessen habe, ist eine Tatsache. Dass sie sich derart aufregt, hängt wohl eher mit ihren Gefühlen zusammen." Auch diese Überlegung hilft, bei schlimmen Attacken nicht den Verstand und das innere Gleichgewicht zu verlieren.

❑ Trennen Sie zwischen Intention (Wunsch, Motiv, Absicht, Interesse, Anliegen) und Form. Die Intention sollten Sie immer akzeptieren und respektieren – die Form können Sie akzeptieren, aber auch kritisieren oder ablehnen. Renate sagt zu ihrer Tochter: „Es tut mir wirklich leid, dass ich das vergessen habe. Ich verstehe, dass du aufgebracht bist. Du willst bestimmt bloß, dass deine Unterlagen endlich komplett sind (positive Absicht). Aber ich bedauere doch sehr, dass du mir gegenüber den Anstand (also die angebrachte Form) vermissen lässt, den ich mir von dir wünsche." Es ist sekundenlang still am Telefon – dann entschuldigt sich die junge Dame hörbar zerknirscht. Das hätte sie gar nicht gemusst, denn Renate ging es schon allein dadurch besser, dass sie ihre Tochter auf ihren Fauxpas aufmerksam gemacht hatte.

Vorsicht, Freud'sches Syndrom!

Gefühlskrisen gibt es nicht erst seit gestern. Es gibt sie, seit es Menschen gibt. Deshalb haben sich Frauen seit Jahrtausenden Strategien zugelegt, um mit emotionalen Krisen umzugehen. Leider sind auch viele Selbstsabotagestrategien darunter. Eine der häufigsten ist das Freud'sche Syndrom. Es betrifft vor allem die intelligenten, analytisch begabten und geistreichen Frauen. Frauen wie Belinda.

 Belinda ist Abteilungsleiterin in einem internationalen Konzern. Ein Kollege hat ein Change-Projekt angeleiert, das sie tatkräftig unterstützt. Eines Tages sagt auf einem hochkarätig besetzten Meeting einer der Bereichsleiter in der Kaffeepause mit kaum verhohlener Aggression zu ihr: „Dieses Projekt ist doch reiner Schwachsinn. Wenn Sie das noch länger unterstützen und mir in die Quere kommen, dann sind Sie die längste Zeit Abteilungsleiterin gewesen. Dann schieße ich Sie vom Seil!" Belinda sagte danach im Coaching, dass sie schlagartig Magenkrämpfe bekommen habe.

> Männliche Verbalbrutalität ist einer der häufigsten Gründe für schwere emotionale Krisen von Frauen im Berufsleben.
> Wie reagierte Belinda darauf? Sie sagte dem Bereichsleiter: „Das ist mir völlig neu, dass Sie gegen das Projekt sind. Können wir darüber reden?" Der Bereichsleiter erwiderte darauf etwas, das die Verlagslektorin an dieser Stelle bestimmt herausgestrichen hätte, und gesellte sich samt Kaffee zu einigen Kollegen (der Bereichsleiter, nicht die Lektorin). Belinda hätte mit ihrem Magen zu diesem Zeitpunkt Nüsse knacken können, so verkrampft war dieser.
> Im Coaching bearbeitet sie das Trauma: „Ich sollte einfach mehr auf die Intrigen im Hintergrund achten. Es nützt keinem, wenn ich ein Projekt unterstütze, das politisch offensichtlich nicht gewollt ist." Und sie trennt auch gleich (s. o.) die Bestandteile des emotionalen Mega-Brockens voneinander: „Ich war politisch naiv. Aber dass er derart grob werden muss, das ist ganz allein sein Problemanteil." Belinda macht also genau das, was wir eben besprochen haben: Trennen, die emotionale Krise aktiv bearbeiten. Trotzdem leidet sie bereits am Freud'schen Syndrom.

Das Freud'sche Syndrom: das ausschließliche Bearbeiten eines äußeren Geschehens in der eigenen Innenwelt.
Viele weibliche Bewältigungsstrategien zeigen Zeichen des Syndroms: Lesen, mit der besten Freundin reden, emotional das Vorgefallene bearbeiten, Grübeln, Selbstvorwürfe, Zweifel.

 Egal, was Sie emotional negativ beeinflusst: Bearbeiten Sie es immer innen und außen gleichzeitig! Denken Sie über das Problem nach, aber packen Sie es gleichzeitig auch aktiv in der Außenwelt an!

Es gibt sogar Psychologinnen, die glauben, dass eine alleinige Bearbeitung des Problems in der Außenwelt schon ausreicht, um auch die Innenwelt wieder ins Lot zu bringen. Oder wie eine besonders resolute Seminarteilnehmerin einmal sagte: „Wenn dein Mann dich schlägt, dann ist es zwar gut, wenn du rausfindest, warum er das tut – aber noch nötiger ist, sich von dem Kerl zu trennen!" Belinda meinte an dieser Stelle: „Aber ich habe mich doch gewehrt! Ich habe doch zu ihm gesagt, dass wir darüber reden sollten!" Warum dann die Magenkrämpfe? Weil ihre Reaktion völlig unangemessen war.

 Je gröber der Klotz, desto gröber sollte der Keil sein. Umfang und Intensität Ihrer äußeren Reaktion sollten dem Krisenreiz angemessen sein.

Belinda sollte nicht so primitiv holzen wie der Bereichsleiter. Doch sie sollte mit so viel Vehemenz antworten, dass ihr Selbstwertgefühl nach der Attacke intakt bleibt. Nach Diskussion eines halben Dutzends Formulierungen im Coaching entscheidet Belinda sich für folgende, begleitet von einem charmanten, souveränen Lächeln: „Es erstaunt mich, dass ein Mann Ihres Formats derart plump droht. Etwas mehr sprachlichen Feinschliff hätte ich schon von Ihnen erwartet." Die Wirkung? Belinda sagt über diese geistige Trockenübung: „Nach so einer Retourkutsche hätte ich mich nicht halb so schlecht gefühlt wie nach meiner halbherzigen Erwiderung."

Auf der Couch können Sie die Welt zwar verstehen, aber nicht ändern!

Es ist wichtig, immer an beides zu denken und beides zu behandeln: unsere Innen- und unsere Außenwelt.

Wohin tendieren Sie automatisch? Wo haben Sie „Schlagseite"? Sind Sie eher eine Macherin, die viel zu oft die Aufarbeitung des inneren Geschehens vernachlässigt? Oder eher eine Grüblerin, die zwar nach langem Grübeln irgendwann die Welt versteht – aber zu wenig dafür unternimmt, sie zu einem besseren Ort zu machen? Ergründen Sie Ihre unbewusste Tendenz – und korrigieren Sie sie gegebenenfalls.

Wechseln Sie Ihr Verhaltensmuster!

Wie reagierte Renate auf die Attacke ihrer Tochter? Eingeschnappt, enttäuscht, mit Kloß im Hals. Wie reagieren Sie auf böse Attacken? Ich wette, immer nach demselben Muster.

STOP Die meisten Menschen reagieren mit immer demselben Muster auf schwere persönliche Angriffe.

Man spricht auch von Verhaltenskonstanten. Das ist es, was Menschen meinen, wenn sie zum Beispiel sagen: „Du brauchst bei ihm nur ... anzusprechen – und schwups ist er auf 180!"
Renate beispielsweise reagiert auf persönliche Attacken mit einem Stich im Herzen und dem unbändigen Gefühl, verbal sofort zurückschlagen zu müssen (zu zicken, wie der Volksmund sagt). Das ist ihr Muster.

 Welches sind Ihre Muster? Achten Sie mal darauf, wie Sie auf bestimmte, auch alltägliche Situationen emotional reagieren. Sie werden recht schnell ganz bestimmte Muster an sich erkennen. Nehmen Sie alles wahr und auf, was zu diesen Mustern gehört.

Wechseln Sie Ihr Verhaltensmuster!

90 Prozent unseres Verhaltens wird von unbewusst erworbenen, ausgelösten und sehr zeitstabilen Mustern determiniert.
Verhaltensmuster sind wunderbare Erfindungen. Sie nehmen uns viel Gedankenarbeit ab und machen uns effizienter. Doch sie sind wie jedes Werkzeug auch: Wenn frau nicht damit umgehen kann, nimmt es ein böses Ende. Wie bei Renate, die jahrelang jedes Mal einen Stich ins Herz bekam, wenn Menschen undankbar zu ihr waren. Das ist heute nicht mehr so. Renate hat (s. o.) sich mit ihrem Muster beschäftigt, hat verschiedene Problemanteile voneinander getrennt und damit das alte Muster nach und nach ausgeschaltet.
Aber Sie trauen sich nicht zu, unter Vollstress „den Müll zu trennen"? Macht nichts. Sie benötigen diese elaborierten Musterunterbrecher nicht unbedingt. Es reicht der simple Merksatz:

> If in a hole, stop digging! Erkennen Sie Ihr aktuelles Muster – und zwingen Sie sich, etwas anderes zu tun. Egal, was. Hauptsache, anders.

Renate zum Beispiel sagt: „Bei meiner Tochter klappt es ganz gut, wenn ich die Attacke in ihre Bestandteile zerlege. Wenn mein Boss mir aber Gemeinheiten an den Kopf wirft, dann sehe ich einfach rot und kann keinen klaren Gedanken mehr fassen, geschweige denn das Problem in seine Bestandteile zerlegen. In dieser Situation denke ich dann nur noch: Mach um Himmels willen jetzt nicht, was du immer machst!" Was sie immer macht: rot anlaufen, nach Luft schnappen, den Stich im Herzen spüren, zu Tode empört sein und denken, wie supergemein der Chef doch sein kann. Das ist ihr Muster, das sie unterbrechen möchte. Neulich lächelte sie zum Beispiel einfach, weil ihr kein anderes Muster einfiel. Das kostete sie zwar größere Überwindung, als abends noch die Joggingschuhe zuzuschnüren. Doch schon eine Sekunde danach fühlte sie sich herrlich frei und leicht im Herzen. Diese kleine Abweichung von der üblichen Routine reichte schon, um das gewohnte negative, belastende Verhaltensmuster durch ein neues Verhalten zu ersetzen. Denn: Negative Muster belasten meist stärker als negative

Es ist völlig egal, womit Sie ein negatives Muster unterbrechen; Hauptsache, Sie unterbrechen es

Situationen! Musterunterbrecher sind die besten Freunde in emotional prekären Situationen.

 Probieren Sie es aus! Zuerst in emotional wenig belastenden Situationen. Achten Sie aufmerksam auf die Reize aus Ihrer Umwelt und mit welchem Verhaltensmuster Sie ganz unbewusst am liebsten darauf reagieren würden – und dann ersetzen Sie dieses Muster probehalber durch ein anderes. Egal, welches. Seien Sie kreativ! Sie werden feststellen, dass diese Übung sehr aufregend sein und Spaß machen kann. Und Sie lernen eine Menge über sich und Ihre unbewussten Verhaltenskonstanten.

Wechseln Sie Ihre Erklärungsmuster!

Zu diesem fortgeschrittenen Zeitpunkt ist es vielleicht angebracht, eine unbequeme Wahrheit einzustreuen: Die meisten emotionalen Katastrophen sind nicht wirklich katastrophal – unser Kopf katastrophisiert sie bloß.

 Nehmen wir zum Beispiel Cecilia. Ihre Vorgesetzte sagt zu ihr: „Es geht einfach nicht, dass Sie Ihre Besuchsberichte unvollständig abgeben! Sie müssen das Formular komplett ausfüllen wie alle anderen auch." Cecilia hört mit versteinerter Miene zu – und tobt sich dann bei ihren Bürokolleginnen aus: „Die Alte spinnt doch! Bloß weil ich hin und wieder Daten weglasse, die bis zum Abgabetermin noch nicht vorliegen. Soll ich deshalb die kompletten Berichte zurückhalten? Aber diese dumme Kuh hatte mich sowieso von Anfang an auf dem Kieker. Die behandelt generell alle Ausländer komisch. Juri ist Russe, den kann sie nicht leiden. Yildiz ist Türkin, die kriegt immer die Blödkunden. Und nur weil ich Französin bin, glaubt sie, dass ich das lockere Leben praktiziere!"

Wechseln Sie Ihre Erklärungsmuster!

Cecilia regt sich fürchterlich auf. Wer würde das nicht bei einer rassistischen Vorgesetzten? Die Frage ist nur: Ist Cecilias Vorgesetzte tatsächlich eine Rassistin? Außer Cecilia würde das nämlich keine(r) behaupten wollen. Doch wann immer Cecilia ihren „heiligen gallischen Zorn" austobt, wie ihre Kollegen das nennen, hört sie nicht auf die Meinung anderer. Deshalb muss sie es sich selbst sagen:

STOP Das erste Erklärungsmuster, das Sie in emotional erregtem Zustand verfolgen, ist garantiert falsch.

Cecilias Erklärungsmuster bei erlittener Ungerechtigkeit lautet: Der andere ist ein Blödmann (Feind, Rassist, Kindsmörder, Egoist …)! Zwei Tage später ist ihr natürlich klar, dass das nicht stimmt. Doch wenn sie ihr gallisches Gemüt übermannt, weiß sie das nicht mehr. Was sie sich jedoch selbst unter größtem Stress gut merken kann:

 Tipp Je aufgewühlter Sie sind, desto schärfer sollten Sie Ihre Erklärungsmuster wahrnehmen – und bezweifeln!

„Eine Rassistin als Vorgesetzte? Na, das geht aber ein wenig weit." Dieser Zweifel ist nötig, reicht aber noch nicht aus. Die Situation emotional ausreichend bewältigt haben Sie erst, wenn Sie das alte, falsche, negative Erklärungsmuster durch ein realistisches ersetzt haben. Cecilia versucht sich daran: „Ich weiß auch nicht, aber vielleicht hat die Chefin heute bloß einen schlechten Tag. Sonst ist ihr doch egal, ob etwas in Berichten fehlt; Hauptsache, die Auftragsangaben sind komplett."

Hört sich vernünftig an? Ist es auch, hat aber leider einen Haken: Die meisten (ungeschulten) Menschen können Erklärungsmuster nicht als solche erkennen. Als ich Cecilia das erste Mal von Erklärungsmustern erzähle, sagt sie denn auch prompt: „Wieso Erklärungsmuster? Das erkläre ich doch nicht, so *ist* die Chefin

Die Welt ist nicht so, wie sie ist, sie ist so, wie unsere Erklärungsmuster sie interpretieren

doch! Die *ist* so gemein!" Mit ein wenig Übung erkennt jedoch auch sie, dass die Welt nicht so ist, wie sie ist, sondern so, wie wir sie uns erklären. Bestes Beispiel: Ist das Glas nun halb voll oder halb leer? Jede(r) erklärt es sich anders – je nach Erklärungsmuster. Obwohl es objektiv immer dasselbe Glas bleibt. Daher: Rechnen Sie mit etwas Eingewöhnungszeit, bis Sie Ihre Erklärungsmuster erkennen und auswechseln können.

Ein Wechsel des Erklärungsmusters ist übrigens der häufigste Grund, weshalb Menschen scheinbar unüberwindliche Schicksalsschläge überwinden. Nena, die Popsängerin, die ein Kind verlor (was kaum einer weiß), sagte zum Beispiel in einem TV-Interview: „Zuerst ging die Welt für uns unter (Erklärungsmuster 1: Krise = Weltuntergang). Dann aber sagten wir uns: Das ist alles so schrecklich – etwas müssen wir doch daraus lernen, mitnehmen können – was? (Erklärungsmuster 2: Krise = Wachstumschance)."
Es ist bestimmt nicht leicht, eingefahrene Erklärungsmuster zu ändern. Aber es befreit ungemein und befähigt zu neuen Taten.

Bleiben Sie fest im Glauben!

„Oh what a wonderful morning, oh what a wonderful day. I got the wonderful feeling, everything's going my way!"
Oklahoma (Musical)

Mara ist heute supergut drauf. Ihre Haare waren heute Morgen schon nach 20 Minuten im Bad tiptop, die Kollegen sind ausnahmsweise nett und die Arbeit flutscht nur so. Dann ruft ihr 1A-Kunde an und eröffnet ihr, dass er zur Konkurrenz wechselt, wenn sie ihm nicht 20 Prozent nachlässt. Mara weiß: Sie kann das nicht. Wenn sie jedoch den Kunden verliert, verliert sie aller Voraussicht nach auch ihren Job. Mara, eben noch bester Dinge, stürzt innerlich ab: Von 100 auf 0 in einer Sekunde. Das ist die normale Reaktion. Doch da Mara Brasilianerin ist, schaltet sich in der nächsten Sekunde bereits ihr Backup-Programm ein. Fünf Minuten später sieht man sie voller Energie und gut gelaunt mit dem Geschäftsführer verhan-

> deln und Optionen abwägen. Ihre (deutschen) Kolleginnen fragen sie: „Also ich könnte das nicht. Ich wäre völlig erledigt und würde nur noch jammern (oder Schokolade futtern, wie Susanne einflicht). Wie machst du das?" Worauf Mara antwortet: „Heute bin ich so gut drauf, heute lasse ich mir von gar nichts die Laune vermiesen!" Und sie grinst dabei ihr spitzbübisches brasilianisches Lächeln.

Was Mara da an emotionaler Intelligenz praktiziert, ist nicht nur Brasilianerinnen vorbehalten: Je härter Sie vom Schicksal gebeutelt werden, desto hartnäckiger sollten Sie an einer vorgefassten, gut eingeübten Einstellung festhalten.
Leider lautet die vorgefasste und bestens eingeübte Einstellung vieler Frauen: „Ach, ist das alles schrecklich! Und jetzt auch das noch!" Mara könnte auch so denken. Doch mit dieser Einstellung möchte sie nicht in den Tag starten, weil sie weiß, dass jede Einstellung eine Selffulfilling Prophecy ist: Was wir erwarten, ziehen wir wie magisch an (via selektive Wahrnehmung). Also fasst sie morgens ganz bewusst und willensstark den Entschluss: „Heute lasse ich mir durch nichts meine gute Laune vermiesen!" Hört sich logisch an, fällt uns aber in der Regel alles andere als leicht, denn:

STOP Frauen als hoch emotionale Wesen übernehmen reflexhaft die Stimmungen, die ihnen angeboten werden.

Ist eine Sache traurig, sind wir traurig. Brüllt der Chef, fühlen wir uns mies. Sind alle froh, dann sind wir es auch. Die Frau als Spielball der aktuellen Stimmungslage? Möchten Sie so leben? Wie wäre es mit etwas emotionaler Autonomie? Das Festhalten an einer Einstellung, das Commitment für eine Geisteshaltung ist ein EQ-Rezept, das Spitzensportlerinnen völlig selbstverständlich anwenden.

„I bang my own drum, some think it's noise, I think it's pretty!"
Aretha Franklin

Als ein Sportreporter einer alpinen Spitzenrennläuferin vor dem zweiten Slalomdurchgang etwas überheblich vorwarf, dass sie keine Chancen mehr aufs Siegerpodest hätte, sagte diese: „Interessiert mich nicht. Selbst wenn ich vom letzten Platz aus starte: Ich fahre immer auf Sieg!" That's the spirit, baby! Nur mit so einer Einstellung wird das was in diesem Leben.
Hat die Rennläuferin tatsächlich gewonnen? Dumme, kluge Frage. Natürlich nicht! Doch sie fühlte sich die 57 Sekunden des Laufs als Siegerin – und hinterher gut: „Man kann nicht immer gewinnen. Ich habe alles gegeben, nur darauf kommt es an."

Culpa vacare maximum est solacium, sagt der Lateiner: Frei zu sein von Schuld ist der größte Trost. Wir können nicht immer gewinnen. Sehr wahrscheinlich werden wir in diesem Leben sogar öfter verlieren als gewinnen. Doch darauf kommt es nicht an! Es kommt vielmehr darauf an, wie wir uns dabei fühlen, wie hoch unser Selbstwertgefühl dabei ist. Was nützt einer Siegerin der Sieg, wenn sie sich – wie erschreckend oft der Fall – nicht darüber freuen kann? Und wie köstlich schmeckt selbst eine Niederlage, wenn wir reinen Gewissens sagen können: „Ich habe alles gegeben. Ich habe mir nichts vorzuwerfen!"?

Einstellungen sind wichtiger als Tatsachen. Einstellungen, nicht Tatsachen, bestimmen über unsere Gefühlslage und unser Lebensglück (und nebenbei bemerkt auch über unseren weltlichen Erfolg).

Wie Sie Ihr Leben erleben, wie Sie sich fühlen, ob Sie Traumata schnell wegstecken können, ob Sie glücklich werden, hängt nicht von äußeren Umständen ab, sondern allein von Ihrer Einstellung – und wie unbeirrbar, unverrückbar, unerschütterlich Sie daran festhalten (können). Natürlich werden den lieben langen Tag die Umstände und die lieben Zeitgenossen (ohne Absicht) versuchen, Sie von dieser Einstellung abzubringen. Die Frage ist: Lassen Sie das zu?

Das US-Schwimmteam veranstaltete bereits in den 80er-Jahren ein interessantes Experiment. Es ließ alle Teammitglieder unter Wettkampfbedingungen im Training eine Kurzstrecke schwimmen – alle verbesserten ihre persönliche Bestleistung. Doch allen Athletinnen sagte der Trainer: „Tut mir leid, drei Zehntel (ziemlich viel) über deiner Bestzeit." Zwei Drittel der Schwimmerinnen sagten etwas wie: „Oh, ist heute nicht mein Tag." Ein Drittel sagte: „Was? Kann nicht sein! Das kann ich aber besser!" Als zum zweiten Durchgang gestartet wurde, waren die zwei Drittel Schwimmerinnen der ersten Gruppe deutlich schlechter als zuvor. Das eine Drittel der zweiten Gruppe verbesserte jedoch prompt noch einmal ihre bereits verbesserte persönliche Bestleistung. Was machte den Unterschied? Nicht Kraft, Ausdauer oder der Wasserwiderstandsbeiwert des Schwimmanzugs. Sondern die innere Einstellung.

Wie lautet gerade Ihre aktuelle Einstellung? Sie haben keine? Dann sind Sie etwaigen Gefühlsüberfällen schutzlos ausgeliefert? Legen Sie sich lieber eine konstruktive Einstellung zurecht. Wie? Ausgangspunkt kann die Frage sein: Wie möchte ich mich jetzt fühlen? Und dann tun Sie so, als ob Sie sich bereits so fühlten. Das ist Arbeit an der inneren Einstellung.

Lieben Sie sich!

Erschrocken? Das tun die meisten. Worüber wir jetzt reden, ist in der westlichen Gesellschaft fast ein so schlimmes Tabu wie Bestechung. Deshalb schneiden wir es erst so spät im Buch an: Frau braucht viel Vorlauf, um sich diesem Tabu zu nähern. Brechen wir

Stimmt schon, was die Beatles sangen: All you need is love. Nur meinten die Liverpooler damit etwas anderes

es: Sie können gut und gern alles vergessen, was Sie in diesem Buch gelesen haben, wenn Sie es nur schaffen, sich selbst zu lieben.

Gewiss, unsere Erziehung hält uns dazu an, uns für andere aufzuopfern, Liebe von einem anderen zu erwarten und uns auf keinen Fall selbst zu lieben. Männer haben es nicht besser: Sie werden dazu erzogen, zu erobern – und sich selbst zu verachten (egal, wie viel sie erobern).

Vielleicht fällt Ihnen die Selbstakzeptanz leichter, wenn wir ihre Ingredienzen aufführen:

„The greatest gift is, if you can love yourself." Des'ree

- ❏ Machen Sie es sich zum obersten Gebot, überall und jederzeit Ihre eigenen Gefühle, Wünsche und Interessen wahrzunehmen, zu achten, zu respektieren und wo immer irgendwie möglich auch zu realisieren.
- ❏ Hören Sie auf damit, die (oft nur unterstellten) Wünsche anderer automatisch und unreflektiert über Ihre eigenen zu stellen – auch wenn die Begründungen dafür noch so zwingend scheinen (sie scheinen nur so – sie *sind* es nicht).
- ❏ Behandeln Sie sich selbst mit dem Respekt, mit dem Sie eine liebe Großmutter behandeln würden.
- ❏ Wenn Ihnen dieser Gedanke seltsam bis abstoßend vorkommt: Gehen Sie weich mit Ihrem Widerstand um. Haben Sie Geduld mit sich. Es dauert alles seine Zeit.
- ❏ Zeigen Sie jederzeit Interesse für Ihre eigenen Gedanken und Gefühle.
- ❏ Verbieten Sie es sich grundsätzlich, sich selbst zu kritisieren. Zwingen Sie sich mit sanfter Gewalt, Kritik stets nur sehr höflich und freundlich an sich selbst zu richten.
- ❏ Bemühen Sie sich um Verständnis für sich selbst. Unterstellen Sie bei allem, was Sie an sich nicht verstehen, eine versteckte, unbewusste positive Absicht. Suchen Sie sie.

- Loben Sie sich für jede verdammte Kleinigkeit. Eine der schwersten Übungen, denn: „Ach, das ist doch selbstverständlich. Das ist doch mein Job!" Ja natürlich! Aber kein Job kann Ihre Seele retten! Das können nur Sie selbst. Indem Sie sich selbst anerkennen. Einmal pro Minute ist eine gute Quote. Einmal jede Stunde ist deutlich zu wenig – aber als Anfang wirklich gut.
- Weigern Sie sich, Wertungen von außen zu übernehmen. Wenn Sie jemand ein „zickiges Flittchen" nennt, dann glauben Sie das ja auch nicht. Wenn ein Kollege meint, dass Ihre Präsentationen sterbenslangweilig sind, dann peppen Sie sie auf – aber akzeptieren Sie keinesfalls die unverschämte Form der Rückmeldung.
- Seien Sie nett zu sich. Gestalten Sie Ihren inneren Dialog freundlich.
- Zeigen Sie Verständnis für Ihre Handlungen und Gefühle, auch für dumme Fehler und blöde Gefühle – denn gerade da brauchen Sie Verständnis am nötigsten.
- Stellen Sie keine Anforderungen und Erwartungen an sich, die Sie nicht auch an andere stellen würden.
- Tun Sie das, was von Ihnen erwartet wird. Meist ist es nicht einmal die Hälfte dessen, was Sie selbst von sich erwarten.
- Nein, Sie müssen nicht alles im Leben allein stemmen. Holen Sie sich Unterstützung, wann immer Sie können. Das ist kein Zeichen von Schwäche, sondern von gesundem Menschenverstand.
- Morgen ist auch noch ein Tag. Niemand darf Sie verdammen, nur weil sie Ihr Tagewerk nicht geschafft haben – am allerwenigsten Sie selbst.
- Tun Sie sich regelmäßig Gutes, jeden Tag. Und verbieten Sie sich jegliches schlechte Gewissen deswegen!
- Setzen Sie Ihre Prioritäten richtig. Wenn Sie einen Auftrag abliefern müssen, seit zwei Stunden am PC sitzen und Ihr Nacken spannt: Erst kommt der Nacken, dann der Auftrag. Für fünf Minuten wenigstens.

„Wenn ich hasse, so nehme ich mir etwas; wenn ich liebe, so werde ich um das reicher, was ich liebe." Friedrich Schiller

„Tu das Werk dieser Tage und verzweifle nicht über dem, das ungetan bleibt. Dein Unvermögen ist die Schule, in die Gott deinen Hochmut schickt." Rudolf Alexander Schröder

- Falls Sie es sich nicht abgewöhnen können, sich mithilfe Ihrer angeblichen „Fehler" (Bauch, Beine, Po, Haare, Nase …) selbst runterzumachen: Limitieren Sie diese Ego-Attacken zumindest auf fünf Minuten am Tag à la: „Immer fünf vor acht darf ich mich über meine Fehler aufregen."
- Das Leben ist kurz. Genießen Sie es. Jetzt.
- Arbeiten Sie daran, sich jeden Tag ein wenig mehr zu mögen.

Wäre es nicht schön, wenn ab sofort gelten würde: Es muss in erster Linie Ihnen gut gehen. Der ganze Rest kommt danach.

Auf einen Blick: Frei und froh!

„In every life some rain must fall."
Sprichwort

- Es wird immer Katastrophen geben, die über Sie hereinbrechen. Darauf kommt es nicht an. Es kommt darauf an, wie Sie damit umgehen.
- Erste Hilfe bei Katastrophen: Lassen Sie sich nicht von der geballten Wucht erschlagen. Dröseln Sie Katastrophen auf. In Eigen-, Situations- und Fremdanteil, in Unabänderliches und Veränderbares, in Inhalt und Form, in Wunsch und Sache.
- Bearbeiten Sie emotionale Krisen stets reflektierend und handelnd. Verarbeiten Sie Krisen emotional, aber tun Sie in der wirklichen Welt auch etwas dagegen.
- Wechseln Sie im Krisenfall Ihr Verhaltensmuster!
- Misstrauen Sie Ihren spontanen Erklärungen von Katastrophen, erkennen Sie die Muster dahinter und wählen Sie Muster, die Ihnen mehr nützen.

„Jonathan, keep working on love."
Richard Bach, Die Möwe Jonathan

- Wählen Sie jeden Morgen eine gute Einstellung – und halten Sie umso hartnäckiger daran fest, je hartnäckiger die Welt versucht, Sie davon abzubringen.
- Versuchen Sie, sich jeden Tag ein wenig mehr zu mögen.

Nachwort

Das Beharren darauf, zu sein, wer man ist,
das ist zum Beispiel nicht dasselbe
wie ein unerschütterliches Selbstvertrauen.
Susan Vahabzadeh

Eigentlich wissen wir alles, was nötig ist, um glücklich und erfolgreich zu sein – wir tun es bloß nicht so oft wie nötig. Weil Wissen allein nichts bewegen kann, wenn die Gefühle uns ein Bein stellen. Wir sehen den tollen Typen lässig an der Bar lehnen, wir haben die Eloquenz und den Background, ihn anzusprechen und uns gut mit ihm zu unterhalten, wir wissen das, wir können das, aber wir tun es nicht, weil wir das Gefühl haben, dass unser Haar heute nicht richtig sitzt – wohl wissend, dass unser Haar dem Typen völlig egal ist, weil er ohnehin ganz woanders hinstarrt. Doch nicht das Wissen entscheidet in dieser Situation, sondern dieses dämliche Gefühl, das uns die Zunge an den Gaumen klebt. Wir sehen die tolle Berufschance, wir könnten sie mit unserer Erfahrung und unserem Wissen auch wahrnehmen – doch wir bewerben uns nicht mit vollem Einsatz, weil wir das Gefühl haben, der Aufgabe noch nicht wirklich gewachsen zu sein. Vielleicht nächstes Jahr.
Clevere Frauen tappen zwar auch dutzendfach am Tag in solche Gefühlsfallen. Doch da sie clever sind, lassen sie sich von selbstsabotierenden Gefühlen nicht ihr Leben, den Beruf, die Beziehung und das Glück verhageln. Cleverness ist kein Luxus und keine Frivolität, sondern Notwendigkeit: Wenn wir nicht schleunigst etwas gegen unsere im alltäglichen Kontext oft amoklaufenden Gefühle tun, dann bringen uns diese Gefühlsfallen um vieles, was wir uns erträumt und verdient haben.

„Feelings are not facts." Sprichwort

Gefühle sind keine Fakten – sondern wichtiger als Fakten

Wir haben uns in diesem Buch nur um Gefühle gekümmert, wie manche Bücher sich nur um Rezepte oder um Getriebewellen kümmern. Mit einem Unterschied: Weder Rezepte noch Getriebewellen machen die Welt aus – Gefühle jedoch schon. Wir alle haben sie, jede Sekunde unseres Lebens. Sie lenken unser Denken und Handeln. Sie entscheiden buchstäblich über Erfolg und Misserfolg in jeder Hinsicht. Und trotzdem beschäftigen wir uns seit Jahren nur unzulänglich mit ihnen. Wir leiden unter ihnen, anstatt konstruktiv mit ihnen umzugehen. Wir reden über sie, anstatt sie zu verstehen und so zu verändern, dass sie uns unterstützten, anstatt weiter zu behindern. All das hat sich hoffentlich bei Ihnen während der Lektüre etwas geändert.

Natürlich ist es am Anfang ungewohnt, sich eingehend mit seinen Gefühlen zu beschäftigen. Es ist fremd, seltsam und verunsichernd – und gleichzeitig doch aufregend, tiefschürfend, lohnend und schön. Es ist ein langer Weg, der bis ans Lebensende reicht. Doch das Ziel ist so attraktiv wie kein anderes: Mit sich selbst, mit seinen Gefühlen im Einklang zu leben. Wünschen wir uns das nicht alle? Und ist es nicht das, was uns oft fehlt im Beruf und anderswo? Wir haben einen Job – doch unser Herz steckt nicht drin. Wir leben mit einem netten Mann zusammen – doch die wahre Liebe ist es nicht. Viele haben sich mit dieser Kluft zwischen Vernunft und Gefühl arrangiert. Funktioniert das bei Ihnen? Ein Ja hätte mich echt gewundert. Es funktioniert nämlich bei keiner. Niemand kann von seinem eigenen Herzen lange getrennt leben, denken, arbeiten. Irgendwie streben wir alle danach, ganz zu sein, integriert zu sein, aus der Mitte heraus zu leben. Es ist vielleicht die größte Sehnsucht unseres Lebens.

Wenn ich Sie auf dem Weg ans Ziel dieser Sehnsucht begleiten kann, tue ich das gern.

Ihre
Cornelia Topf

Über die Autorin

Cornelia Topf ist seit 1988 selbstständige Trainerin und Coach, mehrfache Bestseller-Autorin sowie Geschäftsführerin der Unternehmensberatung *metatalk* in Augsburg.

Kontaktdaten

metatalk Kommunikation + Training
Dr. Cornelia Topf
Weichselweg 1
86169 Augsburg
Telefon: 08 21-70 48 82
E-Mail: info@metatalk-training.de

So geht's weiter!

Was hat Ihnen das Buch gebracht?
Ändert sich schon etwas in Ihrem Leben?
Noch nicht so schnell, umfänglich und positiv, wie erhofft?

Hier kommt Unterstützung:
Seminare mit der Buchautorin persönlich – **Dr. Cornelia Topf**

★ **Emotionale Intelligenz für Frauen** * Das Seminar zum Buch
★ **Nimm's nicht gleich persönlich** * Souveräner Umgang mit Angriffen,
  Killerfragen und Kritik
★ **Körpersprache für Frauen** * Sympathisch wirken, gewinnend auftreten,
  sich souverän präsentieren
★ **Coaching für Frauen** * Professionelle Unterstützung in allen beruflichen Belangen

Terminfreundlich:
Jedes Seminar auch als Telefonseminar

Reizvoll:
Für alle Leserinnen 15% Rabatt auf Seminare und Coachings.

Information & Anmeldung:

Dr. Cornelia Topf
Metatalk – Kommunikation + Training
Weichselweg 1   Tel 0821-70 48 82
D-86169 Augsburg   www.metatalk-training.de

Professionell und mitreißend präsentieren

Präsentationen sind das beste Selbstmarketing.

Mit jedem neuen Vortrag bringen sich Frauen ins Spiel und steuern aktiv ihr Image, das sie bei Chefs, Kollegen oder Kunden aufbauen wollen. Doch ein gelungener Auftritt verlangt eine optimale Vorbereitung und das Quäntchen Selbstsicherheit für die freie Rede.

Gabi Brede zeigt in ihrem Ratgeber deshalb ganz konkret, wie man Wissen sinnvoll portioniert, es anschaulich und verständlich aufbereitet und zuhörerorientiert präsentiert. Denn dann schaffen Frauen eine mitreißende Präsentationssituation und verankern sowohl das Vortragsthema als auch sich selbst im Kopf der Zuhörer. So werden ihre Präsentationen besser: witzig, provokativ, einprägsam.

208 Seiten
Broschur
€ 17,90 (D) / € 18,40 (A) / CHF 34,70
ISBN 978-3-636-01386-6

www.redline-wirtschaft.de

REDLINE WIRTSCHAFT